· 超级思维训练营系列丛书 ·

数字背后的秘密

谢冰欣 ◎ 编 著

机关算尽巧妙计谋 ——☆—— 潜心解读离奇怪异事件

中国出版集团　　现代出版社

图书在版编目(CIP)数据

数字背后的秘密 / 谢冰欣编著. —北京:现代出版社,
2012.12(2021.8 重印)

(超级思维训练营)

ISBN 978 – 7 – 5143 – 0982 – 9

Ⅰ. ①数… Ⅱ. ①谢… Ⅲ. ①思维训练 – 青年读物②思维
训练 – 少年读物 Ⅳ. ①B80 – 49

中国版本图书馆 CIP 数据核字(2012)第 275723 号

作　　者	谢冰欣
责任编辑	李　鹏
出版发行	现代出版社
通讯地址	北京市安定门外安华里 504 号
邮政编码	100011
电　　话	010 – 64267325　64245264(传真)
网　　址	www. xdcbs. com
电子邮箱	xiandai@ cnpitc. com. cn
印　　刷	北京兴星伟业印刷有限公司
开　　本	700mm × 1000mm　1/16
印　　张	10
版　　次	2012 年 12 月第 1 版　2021 年 8 月第 3 次印刷
书　　号	ISBN 978 – 7 – 5143 – 0982 – 9
定　　价	29. 80 元

前　言

　　每个孩子的心中都有一座快乐的城堡,每座城堡都需要借助思维来筑造。一套包含多项思维内容的经典图书,无疑是送给孩子最特别的礼物。武装好自己的头脑,穿过一个个巧设的智力暗礁,跨越一个个障碍,在这场思维竞技中,胜利属于思维敏捷的人。

　　思维具有非凡的魔力,只要你学会运用它,你也可以像爱因斯坦一样聪明和有创造力。美国宇航局大门的铭石上写着一句话:"只要你敢想,就能实现。"世界上绝大多数人都拥有一定的创新天赋,但许多人盲从于习惯,盲从于权威,不愿与众不同,不敢标新立异。从本质上来说,思维不是在获得知识和技能之上再单独培养的一种东西,而是与学生学习知识和技能的过程紧密联系并逐步提高的一种能力。古人曾经说过:"授人以鱼,不如授人以渔。"如果每位教师在每一节课上都能把思维训练作为一个过程性的目标去追求,那么,当学生毕业若干年后,他们也许会忘掉曾经学过的某个概念或某个具体问题的解决方法,但是作为过程的思维教学却能使他们牢牢记住如何去思考问题,如何去解决问题。而且更重要的是,学生在解决问题能力上所获得的发展,能帮助他们通过调查,探索而重构出曾经学过的方法,甚至想出新的方法。

　　本丛书介绍的创造性思维与推理故事,以多种形式充分调动读者的思维活性,达到触类旁通、快乐学习的目的。本丛书的阅读对象是广大的中小学教师,兼顾家长和学生。为此,本书在篇章结构的安排上力求体现出科学性和系统性,同时采用一些引人入胜的标题,使读者一看到这样的题目就产生去读、去了解其中思维细节的欲望。在思维故事的讲述时,本丛书也尽量使用浅显、生动的语言,让读者体会到它的重要性、可操作性和实用性;以通俗的语言,生动的故事,为我们深度解读思维训练的细节。最后,衷心希望本丛书能让孩子们在知识的世界里快乐地翱翔,帮助他们健康快乐地成长!

目　录

第一章　身边的数字故事

数字背后的秘密

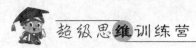

第二章　数字的城堡

数字背后的秘密

数字背后的秘密

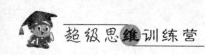

第三章　数字脑筋急转弯

数字背后的秘密

第四章　魔幻的数字

数字背后的秘密

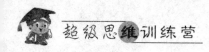

第一章　身边的数字故事

韩信的智慧

韩信是西汉时的开国大将军,谋略过人。

有一天,汉高祖刘邦问韩信:"你看我能带多少兵?"韩信斜了刘邦一眼说:"你顶多能带 10 万兵吧!"汉高祖心中有三分不悦,心想:你竟敢小看我!"那你呢?"韩信傲气十足地说:"我呀,当然是越多越好喽!"刘邦心中又添了三分不高兴,勉强说:"将军如此大才,我很佩服。现在,我有一个小小的问题向将军请教。凭将军的大才,答起来一定不费吹灰之力。"韩信满不在乎地说:"可以可以。"刘邦一笑,传令叫来一小队士兵隔墙站队。刘邦发令:"每 3 人站成一排。"队站好后,小队长进来报告:"最后一排只有 2 人。"刘邦又传令:"每 5 人站成一排。"小队长报告:"最后一排只有 3 人。"刘邦再传令:"每 7 人站成一排。"小队长报告:"最后一排只有 2 人。"刘邦转脸问韩信:"敢问将军,这队士兵共有多少人?"韩信脱口就答出来了。刘邦大惊。

问题:你知道共有多少士兵吗?

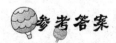参考答案

23 人。

借助滚木巧妙移物

古代是没有大吊车、起重机的,但古人也很聪明,他们有很多巧妙的方法能把重物搬移。比如,他们能把重达数千斤的石棺举在悬崖上,至今仍是个谜。

一座寺庙里新修了大殿,并要把一座高大的佛像放在里面供奉。工匠们从很远的地方采了一块巨石,拉回寺庙里雕刻。他们做了 10 多根滚木,放在石料下,这样移动石料的时候就会省力很多。

他们做的滚木都是一样粗的,直径都是 1 米。

问题:滚木滚动一圈,石料向前移动几米呢?

3.14 米。

分苹果的小松鼠

小松鼠家来了 5 个好朋友,松鼠爸爸想把家里的苹果分给小松鼠和他的好朋友。可是家里只有 5 个苹果了。松鼠爸爸把这个任务交给了小松鼠,而且要求每个苹果最多只能切成 3 块。小松鼠一时犯起了愁。

问题:你能帮小松鼠想想办法吗?

先拿出 3 个苹果,每个苹果切成两块;再把剩下的 2 个苹果,每个切成 3 块。

赶狐狸的智慧

还记得猎人放动物的故事吗？自从狐狸第一个被放走，其他动物们都既羡慕又恨他。等到所有的动物都被放出来后，他们在一起商量办法想赶走那只狡猾的狐狸。最后，山猫想出一个好办法。

这天，大家把狐狸叫过来，告诉他："你很聪明，但是我们都不喜欢你。现在这有道题，如果你能做出来，你就还可以住在这里；如果你做不出来，请你离开这片森林。"

狐狸说："我是这里最聪明的，什么题都难不了我。"他毫不犹豫地答应了。

这时，山猫拿出题目，告诉他："这是一个九方格，里面已填好了数。你要画一条直线，让直线经过的数字加起来最大。"

8	1	6
3	5	7
4	9	2

狐狸画了半天,想了很久,得到的数字和就是没有山猫的大。最后,只好认输,灰溜溜地离开了森林。

问题:你知道最大的数是多少吗?

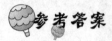

31。画一条经过 4、9、5、7、6 的直线。

巧妙渡海

传说有 8 个神仙要过海。虽然他们各有神通,可这一回却都累了,只想乘船。很不巧的是,海上没有大船,只看到远处岸边有一只小竹筏。

他们想一起过海,可很快他们就发现这只小竹筏一次最多能坐 4 人。

问题:他们最少需要多少次才能全部渡过海去?

3 次。

好客的举人

古时候,有一个人中了举人。他很高兴,于是请亲朋好友吃饭。

到了晚上,夫人问他今天一共来了多少客人。举人没有直接告诉她的夫人,而是卖个关子说:"我看到我们家的仆人一共洗了 65 个碗,这些客人中,每两个人共用一个小碗,每 3 个人共用一个菜碗,每 4 个人共用一个汤碗。请夫人算算,我们家一共来多少客人。"夫人听后,紧锁眉头,不知多少。

问题:你知道举人家今天来了多少客人吗?

60 人。

王婆卖瓜

王婆卖瓜,是自卖自夸。这天,她挑了几个冬瓜到集市上卖。找了个地方,放下担子,就叫卖起来:"快来看我的冬瓜啊,又大又面又便宜。昨天刚下的藤,新鲜至极。快来看,快来买啊!"

她这一喊,很快就围上来几个人。一个厨子打扮的人说:"我买你所有冬瓜的一半零半个。"

"半个,这——"

没等王婆考虑好,另一个人又说:"如果你卖他,那我就买剩下的一半零半个。"

"这个——"

这时,又一个人说:"如果你把冬瓜卖给他俩了,我就再买你剩下的一半零半个。"

王婆虽然卖过很多瓜,什么南瓜、西瓜、冬瓜、北瓜、香瓜、黄瓜,可以说她几乎是个卖瓜的行家,可这次,真把她算迷糊了。最后,她大笑一声,答应了三个买瓜人。卖完之后,她挑着空担子快快乐乐地回家了。

问题:王婆一共挑了几个冬瓜来卖?

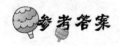

7 个。

大臣赛马

古罗马时代,有3个大臣。他们都有一匹自己心爱的马,而且他们都觉得自己的马是世界上跑得最快的。他们常常为此事争得面红耳赤。终于,有一个大臣给他们出了个主意:让他们的马比赛一次就清楚了。

这天,3个大臣约好,牵着自己心爱的马来到一个角斗场,要看看到底谁的马跑得最快。这是一个圆形的场地,周长300米。他们先是比赛相同时间里各自马所跑的距离。结果,1分钟时间,甲大臣的马跑了2圈,乙大臣的马跑了3圈,丙大臣的马跑了4圈。

问题: 如果让这3匹马站在同一起跑线上同时向前跑,那么几分钟后他们的马又同时回到起跑线上?

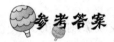

一分钟。

猫和老鼠

有一只猫很久都没吃到老鼠了。

这天,它发现离自己10步远的前方有一只奔跑的老鼠,便毫不犹豫地追了上去。猫的步子大,它跑5步的路程老鼠要跑9步。老鼠的动作快,猫跑2步的时间老鼠能跑3步。

问题: 猫要跑多少步才能追到老鼠呢?

要跑60步。根据已知条件,可以得出老鼠的步幅是猫的5/9,而老鼠的步速是猫的1.5倍,可以计算出猫跑6步的时间与老鼠跑了猫的5步的时间是相等的,老鼠跑了猫的50步时猫正好跑了60步。

坚持到底的蜗牛

一只小蜗牛不慎跌入一口枯井中,幸好没有受伤。它刚想往上爬,就听到说:"别往上爬了,你是爬不上去的。"小蜗牛回头仔细一看,原来是一只老青蛙。

"青蛙伯伯,你怎么也在井里呢?"小蜗牛很有礼貌地问道。

"我为了躲避一条蛇的追捕,才跳进这井中。虽然躲过了那条蛇,可后来我发现这井很深,我怎么跳也跳不上去了。我只能在这井里度过我的余生了。没想到,从今以后,有你和我做伴了。"

"不,我才不要在这过一辈子呢。"说着,小蜗牛哭了起来。

"我刚进来的时候也特别着急,像你一样恨不得马上就能出去。可最终还是放弃了。其实在这里面也挺好,至少不会受到其他动物的伤害。"青蛙安慰小蜗牛说。

"不,我一定要爬上去。"小蜗牛鼓起勇气说。

第一天,小蜗牛爬了 3 米,之后又下滑了 2 米。

青蛙说:"怎么样,我说你爬不上去吧。"

"我才不愿和你一样做井底之蛙呢。我不会放弃的。"

问题:照小蜗牛的爬行速度,每天爬 3 米又下滑 2 米,第几天它就可以爬出这 10 深的枯井呢?

参考答案

第 8 天。

皇帝的年龄

汉平帝刘衍是西汉的一个皇帝,也是中国历史上寿命较短的皇帝之一。他出生在公元前 9 年 6 月,死于公元 6 年 2 月。

问题:如果算足岁的话,汉平帝死时多少岁?

13 岁。注意:没有公元 0 年。

分桃的七仙女

一年一度的蟠桃大会又要举办了。王母娘娘命令七仙女去桃园摘桃。由于桃子被孙悟空偷吃了许多,她们只摘到了 42 个蟠桃,70 个水蜜桃和 112 个油桃。

问题:如果她们要把这些桃子平均分成若干份,最多能分几份呢? 每一份有桃子各几个呢?

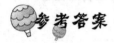

先算它们的最大公约数,是 14,所以最多能分 14 份。每一份中,有蟠桃 3 个,水蜜桃 5 个,油桃 8 个。

卖鱼的渔夫

有个渔夫捕到了很多鱼,回家一称,正好 100 斤。第二天,他把鱼带到集市上卖。

有个人看到渔夫的鱼很新鲜,就问多少钱一斤。

渔夫说 4 块钱一斤。

买鱼的人说:"我都买了。不过我要分开买。你把鱼头和鱼身分开。如果你按鱼头 1.5 元一斤,鱼身 2.5 元一斤,这样鱼头加鱼身还是 4 元。"

渔夫想了一下,同意了。他把鱼头和鱼身切开,称了一下,鱼头 40 斤,鱼身 60 斤,算了一下,一共是 210 元。买鱼的给完渔夫钱,很快就走了。

回到家后,渔夫的妻子很吃惊:"怎么这么快就卖完鱼啦?"

"有个人一下就把我的鱼全部买去了。"渔夫高兴地说，"这是卖鱼的钱。"

妻子数完钱又问："你卖多少钱一斤？"

"4块钱一斤啊。"

"那应该400块钱才对，怎么才210块呢？"

"可也没错啊。他要把鱼头和鱼身子分开买，我就说鱼头1.5元一斤，鱼身2.5元一斤，加起来不是4块一斤吗？后来称了鱼头40斤，鱼身60斤，怎么就收他210元呢？"

问题：你知道是怎么回事吗？

参考答案

鱼本来是4元一斤，所以不管是鱼头还是鱼身，都应该4元一斤；如果分开算，那鱼头和鱼身的价钱应该是得平均4元一斤才对。所以买鱼人占了便宜。

数字背后的秘密

姐妹何时再相见

古时候有一个鞋匠,他有3个女儿。大女儿嫁到了邻村,每3天回一次娘家。二女儿嫁给了一个书生,每4天可以回娘家一次。小女儿嫁得最远,只能每5天回一次娘家。这一年的中秋节,她们恰好都回娘家了。

问题:至少多少天以后,三姐妹才能再次在娘家相见?

$3 \times 4 \times 5 = 60$(天)。

蜜蜂共有多少只

有一群快乐的小蜜蜂,每天都结伴而行去采蜜。这天,它们遇到了一个花园。有1/3飞向了牡丹花,1/5落在了月季花上,这两者的差的3倍去采茉莉花,还有一只小蜜蜂钻进了一朵栀子花。

问题:这群小蜜蜂共有多少只?

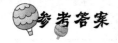

15只。

人鬼过河的智慧

从前,有3个人一起去做生意。这天,做完生意,天已经黑了。路上,他们要过一条河。岸边有一艘船,他们刚要上船,便冒出3个鬼来。鬼说他们也要过河。但是船很小,每次只能载二人或二鬼或一人一鬼。而且无论何时河一边的鬼不能多于人,否则鬼就会把人吃掉。

结果,他们都顺利地渡过了河。

问题:你知道那 3 个人是怎么做的吗?

 **参考答案**

第一步,一人一鬼过河,一人回;

第二步,二鬼过河,一鬼回;

第三步,二人过河,一人一鬼回;

第四步,二人过河,一鬼回。这时,三人已安全过河,剩下鬼自己过就可以了。

齐天大圣分桃

话说唐僧师徒 4 人继续西行。

一连几日,没有看到人家,身上的干粮已经吃完了。唐僧实在忍受不住了,便命令孙悟空去化些斋来。孙悟空嘱咐八戒和沙僧保护好师父,他去去就来。孙悟空腾空而起,一个筋斗云就没了踪影。

孙悟空飞了一阵,就发现了一片果树林。落地一看,竟是桃子。这可把孙悟空高兴坏了。他很快就吃了个饱。又赶紧摘了些,飞了回去。

猪八戒一看孙悟空回来了,赶紧跑上前去。虽然没看到好饭好菜,可此时的桃子已让他口水直流了。说时迟,那时快,猪八戒上前就要抢桃。

孙悟空眼疾手快,将八戒的手打开,骂道:"呆子,师父还没吃呢! 等我分完了你再吃。"

八戒心中虽然很不乐意,可也只好等着。

只见悟空先把桃子分成了相等的两堆,接着从其中一堆中拿了一个到另一堆。悟空把多的那一堆全部给了师父。然后把少的一堆又平均分成两份,并从其中一份拿一个桃子到另一份中,把多的一份给了沙僧。剩下的那一份就只有 6 个桃子了。猪八戒还没等孙悟空说把那一份给他,他已经迫不及待地抢上吃起来了,还说孙悟空不公平。

问题:你知道悟空一共带回来多少个桃子,师父、沙僧各分几个吗?

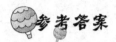参考答案

共 30 个桃子。给了沙僧 8 个,师父 16 个。

古人的结绳计数

在没有科学的计数方法前,原始人是通过简单的方法计数的。比如用手指,如果再多,可以用结绳计数法。

这一天,一个原始部落集体围猎,打到了很多野兽。晚上,他们点上篝火,高兴地跳啊,唱啊。几个德高望重的老者则负责清点战利品,以便之后分配。他们先用手指数,等到 10 个手指用完,就把数过的 10 个放成一堆,拿一根绳,在绳上打一个结。一根绳上打 10 个结,打满了就再换根绳子。

这次的收获的确很丰富。等老者清点完,一共是 1 根绳又 4 个结又7 只。

问题:你知道他们今天一共捕到多少只野兽吗?

参考答案

147 只。

朝三暮四的猴子

传说宋国有一个养猴子的老人,每天早晚都分别给每只猴子 4 颗栗子。几年之后,老人的经济越来越不充裕了,而猴子的数目却越来越多,所以他就想把每天的栗子由八颗改为七颗。他对猴子们说:“生意越来越差了,为了不让你们挨饿,从今天开始,一律按照朝三暮四的标准供应栗子:早上给 3 颗,晚上给 4 颗。”猴子们听了都很生气,乱成一团,强烈反对主人

的做法。于是老人就对它们说："那就早晨吃 4 颗,晚上吃 3 颗。"没想到,这些猴子们都高兴地答应了。

问题:你知道这是为什么吗?

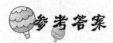 参考答案

虽然老人只是调了一下顺序,但猴子们觉得"早晨吃 4 个晚上吃 3 个"要比"早上吃 3 个晚上吃 4 个"划算,所以猴子们很高兴。

提示:亲爱的小朋友们,你们千万不要学猴子们被表相所迷惑哦,做事情一定要持之以恒!

钓鱼者的智慧

有个人很爱钓鱼。这天他又去钓鱼了。晚上一回到家,他的妻子就问他:"今天钓了多少条鱼啊?"他回答说:"6 条鱼没头,8 条鱼是半个的,9 条鱼没尾巴。"

问题:你知道他今天到底钓到了多少条鱼吗?

数字背后的秘密

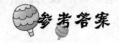参考答案

0 条。

分饼的皇帝

古时候,一位皇帝有 4 个儿子。这天,他带着大饼去看望正在后花园苦练武功的 4 个儿子。兄弟几个见父王来了,立刻围了上来。皇帝说:"孩子们,父王今天带来了你们最喜欢吃的大饼。"说着取出一个大饼平均分成了两份,给了老大一块。嘴馋的老二说:"父王,我想吃两块饼。"皇帝答应了,把第二块饼平均分了 4 份,给了老二两块。贪心的老三说:"父王,我练功时最刻苦,早就饿了,所以我要吃三块饼。"王爷又把第三块饼平均分成了六份,给了他三块。一向老实的大哥说话了:"父王,老四最小,应该给他六块。"于是王爷把带来的第四块饼平均分成了 12 份,给了老四六块。老四最高兴了。

问题:老四是分得最多的吗?

参考答案

其实他们分得的是一样多的,都是半块饼。

农场主打乌鸦

有个农场主决心打死一只在他庄园的瞭望楼里筑巢的乌鸦。起初没有成功,因为人一走近,乌鸦就飞离巢穴栖息在远远的树上看着,直到里面的人出来走远,它才又飞回去。

这天,农场主想了一个计策:两个人走进楼里,一个人走出来,一个人留在里面抓乌鸦。但是乌鸦并不上当,它等到留在楼里的人也走了出来才

肯飞回去。于是农场主就用 3 个人，两个人走出来，一个人留在楼里。结果乌鸦没上当。农场主又用 4 个人试，还是不行。直到农场主改用 5 个人的时候，奇迹出现了。他和 4 个人一起走进瞭望楼，随后自己留在里面，让其他 4 个人又走出去。这时，站在远处树上的乌鸦竟然飞进了瞭望楼了，被农场主抓个正着。

问题：你知道为什么吗？

参考答案

科学家研究发现，乌鸦是会数数的，但它们只会数到 4。

懒惰的渔人

从前有个人，以打鱼为生。他生活得很穷酸，因为他很懒惰，经常是三天打鱼两天晒网的。除了打鱼，也不做其他任何营生。

问题：如果像他这样，100 天里他共打了多少天鱼呢？

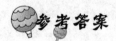参考答案

60 天。

池塘里的青蛙

池塘里有一排荷叶，荷叶之间的距离相等。在中间的两片荷叶上分别蹲着两只青蛙，一只小青蛙，一只大青蛙。小青蛙每次只能跳过一片荷叶落在第三片荷叶上，而大青蛙每次则可以跳过两片荷叶落在第四片荷叶上。

问题：如果两只青蛙同时起跳，至少要跳几次两只青蛙才可以落到同一片荷叶上呢？

参考答案

至少一次。

一般等价物

在货币还没诞生和流通前,人们是通过交换从而获得自己想要的物品的。

这一天,有3个人分别牵着各自的牲口到一个公共交换场所准备交换。甲看中了乙的一匹马,于是说:"我用6头猪换你1匹马,那么你的牲口数将是我所有牲口数的2倍。"丙对甲说:"我用14只羊换你1匹马,那么你的牲口数将是我的3倍。"乙对丙说:"我用4头牛换你1匹马,那么你的牲口数将是我的6倍。"

问题:他们3人各带去多少牲口?

参考答案

甲11,乙7,丙21。

到底丢了几只羊

从前有个农夫,家里养了很多羊。每天,他要把羊赶到山坡上吃草,之后自己回家种地。傍晚,再去把羊赶回羊圈。

这天傍晚,他赶羊回家,数了一下,发现少了一只羊。他没有太在意。第二天,他发现又少了两只羊。他怀疑是不是有狼吃了他的羊。第三天,他让老婆把羊赶到山坡回来后,自己带了把枪埋伏在羊群旁边悄悄观察。

过了一会儿,他发现一只羊竟然要咬另外一只羊。农夫立刻向天开了一枪。那只羊停止了撕咬,顺着枪声看来。农夫跑近仔细一看,原来那只羊竟然是一只披着羊皮的狼。狼被农夫看穿后,刚想跑,农夫便用枪毫不留情地打死了它。

问题:农夫一共丢掉了几只羊呢?

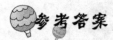

4 只。

商人的智慧

相传汉代有一个贩马的商人,非常聪明。

一天,他用 50 两银子买了一匹白马。随后很快就以 60 两银子卖了这匹马。正当他准备回家时,突然看到一个告示,说有外敌入侵,国家正招募士兵和征集马匹。于是,他又很快回去,从刚才买他马的人手里用 70 两银子买回了那匹白马。最后他把这匹马以 80 两银子的价格卖给了官府后高高兴兴地回家了。

问题:他这天贩马一共赚了多少钱?

20 两银子。而不是 10 两哦。

巧妙过境的商人

一天,马商带着 10 匹马要去辽国卖。

经过边境的时候,辽国的卫士告诉他现在有新的规定:凡来我国做生意者,必须交纳所有货物的一半少一个作为过境费用。

马商一想:如果这样的话,我就得交 4 匹马作为费用,这趟生意肯定就赔了。是就此罢休,还是赔了也卖呢? 马商思考了一会儿,突然想出了一

数字背后的秘密

个绝妙的主意。最后，他竟然让卫士一个费用也没收就把 10 匹马全部带到了辽国。

问题: 你知道他是怎么做的吗?

 参考答案

他分 5 次把马带过境，每次只带 2 匹。这样的话，他每次过境的时候，卫兵收他一匹马再还他一匹马，等于他还有 2 匹马。

狐狸的智慧

猎人家里圈养着 64 个动物，有兔子，山猫，野鸡，狐狸……为了响应保护动物的号召，他决定开始释放这些动物，每天释放一个。可第一天先释放谁呢? 于是他想了个主意。

他把所有的动物召集在一起，对他们说:"从今天开始，我会每天释放你们一个。"

动物们听了，都兴奋起来。但是，每天只能有一个动物获得自由。谁

会是第一个幸运儿呢？

为了公平起见，猎人接着说："你们先站成一排。然后我从1开始数，3,5……隔着数。数到的动物就站出来，剩下的继续数，直到剩下最后一个。那么今天我就先放了他。为了公平，你们可以自己选择位置。"

动物们为了今天能第一个获得自由，纷纷抢着自己的好位子。狐狸眼珠一转，不紧不慢地站在了一个位置上。

结果，狐狸获得了自由。

问题：你知道"狡猾"的狐狸站在多少号吗？

参考答案

每一轮都是偶数留下，轮到最后还是偶数留下，所以他站在最后，即64号。

孙膑的计谋

田忌是战国时期齐国的大将军。他很喜欢赛马，经常和齐王的公子们赛马，而且每次都下很大的赌注。田忌总是赢多输少。

这天，国王的三太子要和田忌赛马，田忌毫不犹豫地答应了。他们采用两局三胜制，每人各准备三匹马，两两相比，以多胜者为最终胜者。田忌和三太子都押上了很多钱。

第一局，田忌让他跑得最快的马和太子跑得最快的马比，结果慢了3秒。

第二局，田忌让他跑得第二快的马和太子跑得第二快的马比，结果还是慢了3秒。

第三局，田忌让自己跑得最慢的马和太子跑得最慢的马比，结果仍是慢了3秒。

田忌输了。但是像这样三局三败的情形实在不多。因为这次三太子用的是国王的三匹快马。可一言既出，驷马难追，田忌只好把赌注交给三

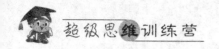

太子了,心中闷闷不乐。

在一旁观看他们赛马的孙膑看了,对田忌说:"将军,不必气馁。虽然你的马总是比国王的马慢,但是我发现你的第一匹马并不比太子的第二匹马跑得慢啊。如果您和国王的那三匹马再比一次,我有一计敢保证您可以赢。您可以和国王下更大的赌注,把刚才的赢回来。"

田忌听从了孙膑的建议,结果从国王那里赢得了更多的钱。

问题:你知道孙膑的计策是什么吗?

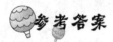参考答案

这时改变了一下田忌的马的出场顺序,用它的第三匹马和国王的第一匹马赛,用他的第一匹马和国王的第二匹马赛,用他的第二匹马和国王的第三匹马赛。虽然第一局输了,但是第二局、第三局都赢了,所以最终获胜。

驴子和骡子

一家粮食店的老板让他的一头驴和一头骡子各驮几袋面粉给他的一个老客户送去。

走了一半路了,驴子开始抱怨它驮的东西太重。

"你还抱怨?"骡子说,"如果把你的一袋面粉给我,我的负担正好是你的二倍,要是把我的一袋面粉给你,我们的负担一样。"

问题:你知道驴和骡子各驮了多少袋面粉吗?

参考答案

驴驮了5袋,骡子驮了7袋。

阿凡提的智慧

有一个大村落里，居住着一个恶霸。他经常欺男霸女，有利就占，甚至还要抢。村里的人都非常痛恨他，但又不敢招惹他，因为他养着一帮打手，所以大家都忍气吞声。

一天，他家的一头驴丢了。于是，他就怀疑是哪个村民偷的。这也正好给了他一个机会。他带着他的一帮打手，去各家搜。只要看到和他的驴差不多，就让打手强行拉走了。一时间，驴声大起，村民怨声连天。

恰好此时，阿凡提骑着他的小毛驴从村里过。有打手看见了，立马报告了恶霸。恶霸便招呼打手，拦住了阿凡提。

"喂，小老头，快把我的毛驴还给我。"

阿凡提一下子被他们搞晕了。"什么，你的毛驴？我都骑了十多年了，怎么成了你的毛驴了？"

"我们家昨天丢了一只毛驴，和你的一模一样，肯定就是你偷的。"一个打手说。

"你还是乖乖地把驴还给我，免得你受皮肉之苦。"恶霸狠狠地说。

"哦。"阿凡提眼珠一转说，"既然你认为是我偷的驴，那我问，你的驴在哪丢的呢？"

"这个——你从哪里来啊？"恶霸反问道。

"我从东边来。"

"不错。我的驴就是在东边的山坡上吃草时丢的。"

"那么你的驴要是从东边走回来，它的尾巴应该朝哪个方向呢？"

"当然是东边啦。"

"可是这头驴的尾巴是朝下的啊。"

"你——"恶霸一时语塞。

恶霸觉得阿凡提不是一般人，有点害怕起来，但他又不想就这么算了。他从衣袋里掏出3个色子，对阿凡提说："我这有3个色子。如果你能赢了

我,我就放你走。你要是输了,你就得把驴给我留下。"

"好吧。你说怎么比。"

"比大小。如果我的点数大,就是我赢;如果你的点数大,就是你赢。"

阿凡提看了一下色子,同意了。

恶霸先摇。他摇出了 3 个六点,心想:这驴肯定要成为他的了。

可结果阿凡提竟比恶霸多了 3 个点。恶霸愤怒至极,可又无话可说。最后只好让阿凡提走了。

问题:你知道阿凡提怎么赢的吗?

阿凡提把色子都切成了两半,因为色子相对面的点数和都是 7,所以点数的和是 21。

分子弹的智慧

有 3 个猎人一起去打猎。他们经过了一段很长的峡谷之后,有两个猎人发现自己身上的子弹丢了。于是,第三个猎人把自己所剩的子弹分成三等份,一人一份,继续打猎。之后,他们各用了 4 颗子弹。这时,他们 3 人所剩的子弹之和正好等于分完子弹时每个猎人的子弹数。

问题:当那两个猎人发现自己的子弹丢了时,第三个猎人还有多少颗子弹?

18 颗。子弹平分后,每个猎人各用了 4 颗子弹,则总共用了 12 颗子弹,相当于三份中的两份,所以是 18 颗。

沙漠里的探险家

有 9 个探险家在沙漠中寻宝,不幸迷了路。而且发现:所带的饮用水只够喝 5 天的了。为了不被渴死,他们必须找到水源或者遇到其他人。

第二天,他们发现了一些脚印,知道还有一些人也在沙漠中行走,于是喜出望外并循踪追去。可是追上以后才知道他们已经没有水喝了。但是他们又不忍心丢下他们。于是决定两批人合用这些水。但这样的话,就只够喝 3 天了。

问题:你知道第二批人共有几个人吗?

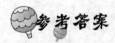 **参考答案**

第二批共 3 个人。9 个探险家没见到第二批人的时候,剩下的水只够 9 个人喝 4 天了。与第二批人合在一起后,水只够喝 3 天的,因此可知道第二批人在 3 天中喝的水等于 9 个人 1 天喝的水,那么第二批肯定是 3 个人。

神秘的敲钟人

阿西莫多曾是巴黎圣母院的敲钟人。每到整点时,他就要敲响钟楼里的大钟,而且敲的次数和点数相同。比如 7 点,他就得敲 7 次。钟声很响,几乎巴黎的全城都可以听到,人们也就可以知道是几点了。

阿西莫多虽然长相丑陋,甚至被评选为全巴黎最丑陋的人,但是他尽职尽责,从不怠慢。而且由于长时间的敲钟,他敲钟的节奏也掌握得非常均匀。

一个盛夏的早晨,人们又听到了那熟悉的钟声,一共是 6 下。有人统计了一下,从第一个钟声算起到听到第六声共用了 15 秒。

问题:中午十二点,当你听到最后一声共需多长时间?

参考答案

33 秒。

今天卖了多少酒

酒铺里有两缸新酒,各 15 千克。这一天,共从两缸新酒中卖了 14 千克。这时,店里的一个伙计从剩下较多酒的甲酒缸里倒一部分给乙酒缸使乙酒缸的酒增加了一倍;然后又从乙缸里倒一部分给甲缸,使甲缸的酒也增加了一倍。这时甲酒缸的酒恰好是乙酒缸的酒的 3 倍。

问题:这一天从两个酒缸里各卖了多少千克酒?

关键是求出甲、乙两个酒缸最后各有酒多少千克。卖出14千克酒后，两缸还剩酒共15×2-14=16（千克）。可以算出最后甲酒缸的酒是12千克，乙酒缸的酒是4千克，再一步一步向前推算，在伙计没倒酒时，甲酒缸还剩11千克酒，乙酒缸还剩5千克酒。所以，从甲酒缸卖了4千克酒，从乙酒缸卖了10千克酒。

山林中的猎人

有一个猎人，一直住在山林中。这天，他出去打猎的时候，碰到了几个迷路的探险队员。好心的猎人把他们带出了山林。探险队员为了感谢猎人，就送给他一只机械手表表示感谢。猎人也很高兴，以后就知道时间了。

然而，猎人常常忘记给手表上劲，所以总是走走停停，猎人也还是搞不清楚准确时间。

这天，猎人家中的盐用完了，他要走出山林，到一个集镇上买盐。走的时候，他表上显示的时间是6点35分。到了集镇后，他先是去了一下信用社。信用社里有一个钟，时间是准确的。猎人特地看了一下，显示的时间是9点。猎人取完钱，去买了盐，又在集镇上逛了逛。路过信用社，他又看了一下时间，正好是10点。接着他便回家了。到家的时候，他的手表显示的是10点35分。

问题：此时，准确的时间是多少？

11点30分。

哈雷彗星的出现

如果你有幸,当你仰望星空时,有可能会看到流星。而如果你更有幸,这一生中你能看到几次彗星。哈雷彗星就是目前世界上最有名的彗星。它因为英国人哈雷最先测定其轨道并成功预言回归而得名。

这颗彗星绕着太阳做周期运动。哈雷这一生也只有幸看到一次。他在 1682 年观察到它。直到他去世后很多年,人们才又看到这个彗星。

事实上,关于这颗彗星的最早和最全的记录是在中国。只可惜没有用中国人的名字命名。

人类最近四次观测到它的记录分别在 1759 年、1835 年、1910 年和 1986 年。

问题: 人类下一次看到它将在哪一年?

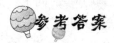参考答案

2062 年。哈雷彗星绕太阳一周大约需要 76 年。

小和尚求佛

有 4 个小和尚,一起来到寺庙有一年多了。但是他们还是不懂什么是佛,他们也会常常为此而争吵。有一日,他们竟然吵到了方丈那里,一定要向师父问个明白。

"阿弥陀佛。这样吧,从我寺庙向西走四天的路程,那里有一个洞穴,这个洞穴曾经是佛祖避难的地方。洞穴里有一本真经。如果你们看了它,就知道了。你们 4 个可愿意去?"

"师父,我们愿意去。"

"但是,从此地到那里,一路上没有人家,也没有水。我给你们每人 5 天的食物和水。如果你们能看到真经并顺利地返回,你们就会都明白的。"

于是,他们每人背上够吃 5 天的食物和水出发了。食物和水很沉,他们每人最多也就能背五天的食物和水。

走了一天后,他们突然想到了一个问题:照这样走下去,他们是不可能安全返回的,因为他们总共带了 20 天的食物和水,而 4 个人往返一共需要 32 天的食物和水。

"师父不是在和我们开玩笑吗?"

"我们一定会饿死或者渴死在半道上的。"

"师父肯定是有他道理的。我们想想吧,一定会有办法的。"

其中一个小和尚很聪明,他想到了一个很好的办法。最后他们都安全地返回寺中,并且都知道了那本真经上只写了 4 个字:佛在心中。

问题:你知道他们是怎么做的吗?

**参考答案**

走过 1 天,1 人带着 1 天的食物和水返回,把剩下的食物给其他 3 人,这 3 个人每人背上五天的实物和水继续前进。又过 1 天,1 人带着两天的食物和水返回,把剩下的食物和水给其他两人,这两人背上 5 天的食物和水继续前进。第三天,1 人带上 3 天的食物和水返回,把剩下的 1 天的食物和水给另外 1 个人。这最后 1 个人就有 5 天的食物和水,正好够走到目的地并返回寺庙。

李云龙与骑兵连

一日,李云龙要去突袭敌人的一个骑兵营,准备抢马组建自己的骑兵营。战斗结束后,清点马匹,只够组建一个骑兵连的了。

很快,骑兵连就组建完毕了。在一次部队集合中,骑兵连正式亮相。李云龙向下一看他的部队,共 360 个头,共 890 条腿。

问题:现在这支部队共多少个士兵,多少匹马?

参考答案

275 个士兵,85 匹马。

马拉松比赛

公元前 490 年,波斯王国发动侵略战争,要侵略希腊。波斯士兵在雅典城东北的马拉松海湾登陆,遭到了希腊士兵的奋勇反抗。经过艰苦的斗争,最后,希腊士兵在统帅米勒狄率领下,终于打败了入侵的波斯军队。为了把这个胜利的好消息以最快的速度告诉雅典人民,统帅米勒狄派军中的"飞毛腿",一个叫斐迪彼得斯的士兵跑回去报信。他从马拉松一口气跑到了雅典中心广场,可惜只说了一句话"我们胜利了"就一头倒地死了。希腊人民为了纪念这个士兵,给他塑了一座雕像,并称他为民族英雄。

1896 年,第一届现代奥林匹克运动会上,为了纪念这一历史事件,设立了一个比赛项目,叫"马拉松长跑",距离与当年斐迪彼得斯跑的距离相当。

问题:你知道马拉松比赛的全程距离是多少米吗?

42.195 千米。

妻子头上的帽子

史密斯夫妇一起去海边度假。这天,他们租了一只小游艇去一个海岛。此时是逆流而行。游艇行驶了 10 海里的时候,史密斯夫人的帽子掉到了海里。直到半小时后,史密斯夫人才发觉,于是要求丈夫立即返航找帽子。又过了半个小时,他们终于在出发的码头看到了刚漂回来的帽子。

问题:水流的速度是多少?

10 海里/小时。帽子在 10 海里处往回漂,刚好用了一个小时。

老牛的智慧

山姆大叔家的一头老牛不见了。山姆大叔找了半天,终于看见它在一座铁路桥上站着。铁路桥很窄,只能容一列火车通过。如果此时要有火车通过,那头老牛就危险啦。

"千万别有火车来啊。"山姆大叔正这么想着,偏偏害怕什么来什么,一列火车正呼啸而来。"快回来,快回来!"山姆大叔拼命地叫着。可老牛非但没有往回跑,反而拼命向火车奔去。结果老牛躲过一劫,在火车上桥前,它已跑过了桥。山姆大叔终于松了口气。但是他不明白为什么牛反而要向火车跑去。

事实上,老牛的做法是对的。当时它正站在桥的中间,火车距离大桥还有 2 个桥长的距离并以每小时 120 千米的速度驶来。牛迎着火车奔跑,

数字背后的秘密

当它跑出大桥时,火车距离大桥还有 4 米。可如果牛向山姆大叔的方向跑,那么牛屁股距桥头还有 1 米时火车就会撞上它。

问题: 当时牛奔跑的速度是多少?

牛与火车相对而行,火车行的距离为 2 个桥长 -4 米,牛奔跑的距离为 0.5 个桥长。如果牛和火车同向而奔,火车行的距离为 3 个桥长 -1 米,牛奔跑的距离为 0.5 个桥长 -1 米。把火车行驶的距离和牛奔跑的距离分别相加,火车行了 5 个桥长 -5 米,牛跑了 1 个桥长 -1 米,它们用的时间是相等的,所以火车的速度是牛的 5 倍,可知当时牛的速度是 24 千米/小时。

周总理摆筷子的学问

周恩来总理是新中国的首任总理,为我国的外交事业做出了卓越的贡献,是新中国外交的开拓者和奠基人。他才思敏捷,智慧过人,对待群众却平易近人,深受人民的爱戴,也得到国际社会的高度敬佩和赞誉。在他逝世的时候,联合国都为其降半旗志哀。

有一次,他设宴招待一位来访的外国领导人。宾主谈笑风生,非常高兴。这个外国领导人平时吃饭时用的都是刀叉。周总理虽然设的是中国宴席款待他,用的是筷子,但总理还是事先叫工作人员给他换上了刀叉。外国领导人对周总理的特意安排非常感谢。席间,他也非常想用用中国的筷子。可想而知,他用的是很不顺手。总理笑着说,如果他喜欢,他可以赠送给他一双筷子,回国之后可以练一练,等下次来中国的时候,就不必再为他单独准备刀叉了。

外国领导欣然接受了。

这时,外国领导人的翻译突然向周总理提出一个问题:"我对总理阁下的智慧早有所耳闻。今日在此向阁下请教一个问题:如何拿 4 根你们吃饭时用的筷子摆出一个'田'字呢?"

宴会的气氛立刻变得有些紧张起来。周总理的随从们也一个个目瞪口呆,他们没料到外国人会突然提出这样一个问题,重要的是他们都回答不上来。如果总理回答不出,一定会成为他们的笑话。随从们都为总理捏着一把汗。

只见总理微微一笑,说:"看来你对中国的文化很有研究啊。如果有你的积极努力,相信总统阁下的这次访问一定会取得圆满的成功。我也相信我们两国的关系也会朝更好的方向发展。"说完,总理叫一个工作人员拿来4根筷子,很快摆出一个"田"字来。

在场的人无不佩服。

问题:你知道如何用4根筷子在不折断的情况下摆出"田"字吗?

前提是,这种筷子必须是那种一头圆一头方的那种。把4个方头叠在一起,自然也是一个"田"字喽。

小仙人的年龄

有一个日本人、一个美国人和一个中国人。3个人本来是要一起去做笔生意的,可是在穿过一个沙漠时遇到了劫匪。3个人的货物和钱财被洗劫一空,幸好没被劫匪要了性命。3个人只好往回走。没有了食品,更重要的是没水,他们不到一天已经筋疲力尽了。

正在这时,他们看到不远处有烟向上冒。他们以为前面有人,便用尽最后的力气向前跑去。可到跟前一看,原来只是一个破罐子。可罐子怎么会冒烟呢?他们正琢磨着,突然一个穿着奇怪的人站在了他们面前。三个人都吓了一大跳,可是已经没有力气逃了。却听那个人说:"你们不要怕。我是一个老神仙,正在找我的孩子呢。如果你们答应帮助我找孩子,我可以满足你们每人3个愿望。"

3个人听了,高兴极了,心想这下有救了。

美国人说:"我的第一个愿望是要很多钱。"

"这有何难?"说着,老神仙就给美国人变了很多钱。

美国人一看这么容易,就又说:"我的第二个愿望还是要很多钱。"

老神仙很快又给他变了很多钱。

"哈哈,这下我可以不用和你们俩去做生意了。我的第三个愿望是想回家。"

老神仙把手一挥,美国人就消失了。

日本人急了,忙说:"到我了,到我了。我的第一个愿望是要很多金子。我的第二个愿望是要很多银子。第三个愿望是请你把我送回家。"

老神仙也一一帮他的愿望实现了。"轮到你了。"老神仙对中国人说。

"我想要瓶水。"

老神仙立刻给他变出一瓶水。中国人很快就把水喝完了。

"你的第二个愿望呢?"老神仙问。

"我还想要瓶水。"

老神仙立即又给他变了一瓶水来。中国人不一会又把水喝完了。

"你就剩一个愿望了。"老神仙提醒中国人说。

"你让那个美国人和日本人都回来吧,我们一起帮你找孩子。"

结果,美国人和日本人就又都回到了沙漠。

"谢谢你了。"老神仙对中国人说完就消失了。

美国人和日本人还没尽情地享用他们的金钱,又回到沙漠中,知道是中国人搞的鬼,都痛恨起中国人来。可是也没有办法,老神仙已经走了。

3个人结伴继续在沙漠中走着。又走了一天,他们看到前面有什么东西闪闪发光。"该不会是我的金子吧。"日本人惊讶道。三人走近一看,原来只是一个玻璃瓶。美国人捡起瓶子,瓶里空无一物,拔开瓶塞,竟然冒起了白烟。美国人赶紧把瓶子扔了。这时,一个和老神仙长得有点像的人出现在他们面前。

"你们是谁呀?干吗要打扰我睡觉?"说着还伸着懒腰。

中国人很快想到:他是不是老神仙的孩子呢?于是说道:"你是老神仙的孩子吧,你的爸爸在找你呢?"

"你们见到我爸爸啦?哎呀,我都不知道我睡多久了。那好,我回家了,谢谢你们了。哦,对了,为了感谢你们,我可以满足你们每人两个愿望。"小仙人说,"不过你们得回答出我的一个问题。"

"好,好。"美国人和日本人立马说道。

"我前1/7的时光过得最快乐,因为那时我的妈妈还在。妈妈去世后,我用了1/4的时光和爸爸学法术。接着用1/2的时光周游世界,回来后过了9年直到现在。你们知道我现在多大吗?"

美国人和日本人很快就算出了小仙人的年龄。他们刚想说,却又担心起来:如果他们先说,最后会不会像上次一样又被中国人叫回来。于是他俩让中国人先说。

中国人也算出答案了,就告诉了小仙人。小仙人说:"你算对了。我可以满足你的两个愿望。你说吧。"

"我想喝瓶水。"中国人说。

"这个好办。"说着,小仙人就给中国人变了一瓶水。

数字背后的秘密

等中国人把水喝玩完,小仙人问:"你的第二个愿望呢?"

"没什么事了,你赶紧回家吧。"

问题:你知道小仙人的年龄吗?

84 岁。

掌柜分油

从前有一个油铺,油铺的掌柜因为聪明也很会说话,油铺的生意越来越红火。后来,掌柜老了,做不了生意了,就决定把油铺传给他的儿子。可是他有 3 个儿子,到底由哪个儿子继承? 他又颇费脑筋。

这天,店里来了 3 位客人,都说要买香油。掌柜很高兴,热情地招呼着。可一看,店里就剩下 24 斤香油了。3 位客人一合计,正好每人可以买 8 斤油。而他们带来的油壶并不一样大,一个可以盛 5 斤,一个可以盛 11 斤,还有一个可以盛 13 斤。3 个儿子刚想给客人称油,老掌柜眼珠一转,可以找到他的继承人了。

老掌柜对 3 个儿子说:"你们不是都想继承我的油铺吗? 我也一直没有主意。今天,你们不许用秤,只用他们的油壶给他们平均分配这剩下的 24 斤油。如果你们谁最先做到了,我就让他继承我的油铺。"

结果,老三做到了。老掌柜心中的一块石头终于可以放下了。

问题:你知道老三是怎么做的吗?

先把 13 斤的油壶装满,然后用这 13 斤的油壶倒满 5 斤的油壶,剩下的正好是 8 斤油倒给带 11 斤的油壶的客人。接着,把 5 斤的油壶清空,再重复一次,就可以分出来了。

巧妙量井

有一座古老的寺庙,庙里有一口井,和尚们每天的用水都是取自这口井。后来因为战乱,寺庙被毁坏了。加上气候干燥,那口井渐渐干枯了。

很多年以后,一个新王朝的皇帝拨款又修复了寺庙,而且修建得比以前更雄伟坚固,香火越来越旺。

有一个新来的小和尚,听说以前发生战乱,和尚在逃跑时把很多宝贝扔到了井里,于是他就想下井找找宝贝。可是他也不知道井有多深,不敢贸然下井,所以就找来一根长绳子量。他发现井的深度远没有绳子长。于是他把绳子折三折再去量,结果井外余 3 尺。他又把绳子折四折去量,则绳子距井口还差 1 尺。

问题:此古井到底多深?

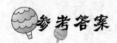
参考答案

13 尺。设井深 x 尺,则有 $3x + 3 \times 3 = 4x - 1 \times 4$,解得 $x = 13$。

分羊的智慧

有个生病的农夫,快不行了。临终前,把 3 个儿子叫到身边,对他们说:"孩子,我快不行了。你们都是我的好孩子,不久你们也都得娶妻成家。我也没什么留给你们的,只有家里的 17 只羊,今天我当着你们的面分给你们。老大你出力最多,就分得 1/2。老二你分 2/3。老三你年纪还小,就分得 1/9。但是,你们一定不能杀死羊啊。"说完,农夫就去世了。

三兄弟料理完父亲的后事,就开始按照父亲的遗言开始分羊。可是无论如何,他们都分不好。最后,他们竟争吵起来。一位老先生经过他们家,了解到情况后,很快就想了一个办法帮他们分好了羊。

问题:你知道老先生是怎么做的吗?

参考答案

老先生从邻居家借来一只羊,这样总数就是 18 只,分起来就很顺利了,老大分得 9 只,老二分得 6 只,老三分得 2 只,这样正好还剩下一只,最后再把这只羊还给邻居。

贩盐的商人

有一个盐商,每个月都到海边的一个盐场贩盐回来卖。

这天,他又让他店里的小伙计驾着他的马车去贩盐。小伙计驾着空马车,一日可以行 120 千米。如果装满整车盐,他一日只能行 80 千米。伙计共往返了 3 次,花了 10 天的时间。

问题:盐商的店铺离盐场有多远?

参考答案

10/3 ÷ (1/120 + 1/80) = 160(千米)。

点香的智慧

寺庙里新来了一个小和尚。老和尚想考考他,就给他出了道题:"寺庙里有一种香,燃烧一根需要半个时辰。不许折断香,如何用点香的方法确定 3/8 时辰呢?"

小和尚摸着自己的脑袋,一时没了主意。这真是丈二和尚摸不着头脑。

问题:你知道怎么点吗?(1 个时辰等于 2 个小时)

取两根香,一根点一头,一根点两头;等点着两头的香烧完后再把第一根香的另一头也点上;当这根香烧完时正好是 3/8 时辰。

老人和猴子

从前有一个老人,养了一只猴子。他还有一个小小的香蕉园。每到香蕉成熟的时候,他会让猴子爬到树上帮他摘香蕉。

这一年,老人的香蕉又开始成熟了。早晨,老人带着猴子去摘香蕉。猴子一共摘了 100 根香蕉。老人把香蕉放入筐中,往家背,但他每次只能背 50 根香蕉。从香蕉园到家有 50 米。为了不让猴子偷吃剩下的香蕉,老人给猴子的脖子上拴了根绳子牵在手里。即使这样,老人每走 1 米,猴子

还是会从老人背的筐中偷吃一根香蕉。如果老人就这样直接把香蕉背回家，肯定1根不剩了。但最后老人把100根香蕉背到家时，还有25根。

问题：你知道老人是怎么做到的吗？

老人先把50根香蕉背到25米处，猴子已经偷吃了25根，筐里还有25根。接着老人把香蕉放在地上，牵着猴子去背剩下的50根。到25米处的时候，筐里又剩25根了。老人把地上的25根香蕉放入筐中，此时筐中共有50根香蕉，背着往家走。路上，猴子又偷吃了25根，所以到家时正好还剩25根。

国王的奖赏

国际象棋游戏诞生于约2000年前的古印度。传说，是古印度的一位宰相叫达依尔发明的。后来传到了西方，风靡了全球。

印度的国王玩了达依尔发明的游戏后，觉得非常有意思，高度赞扬的他的智慧，并决定给他赏赐。国王问达依尔："你想要什么赏赐？"

达依尔答道："我亲爱的陛下，难道我要什么赏赐您都可以给我吗？"

"当然。只要你不是要我的江山。"

"陛下，我只要您给我小麦就行了。"

"这有何难？你要多少？"

"陛下，您看到棋盘上的格子一共有多少个呢？"

"呃，八八总共64格。"

"我只要您能在这格子里放满麦子就行了。"

"这能放几粒？我赏你一袋好了。"

"不，陛下，我希望您这样放：在第一格里放1粒，在第二格里放2粒，在第三格里放4粒，在第四格里放8粒……总之，下一格里的麦粒是前一格的 2 倍,如此下去。只要您放满最后一格就可以了。"

国王不假思索就答应了。马上命令人抬一袋麦子来摆格子。但他很快就发现,还没填满一半的格子,一袋麦子就没了。于是他又命令再抬些麦子来。然而,这之后,棋盘"吃"麦子的速度越来越快,他不得不动用所有的文武百官一起帮他数麦子。

如果国王真的要赏宰相那么多麦子,全国的麦子也不够呢。

问题:你知道第 64 格得放多少麦子吗?

参考答案

2^{63} = 9 223 372 036 854 775 808(粒)。

数字背后的秘密

第二章　数字的城堡

姑姑今年多大了

14 岁的小兰有一天问她的姑姑:"姑姑,您今年多大了啊?"

"我呀,呃,我年龄的一半加上你的年龄就是我的岁数了。"姑姑答道。

问题:小兰的姑姑今年多少岁?

28 岁。姑姑那句话的另一个意思是小兰的年龄恰好是她的一半。

小静买糖果

妈妈给小静 50 元钱让她去超市买一种 12.6 元一袋的糖果。

问题:小静最多可以买几袋?

3 袋。

烦人的闹钟

小美的爸爸是个大老板，平时工作特别忙。

这一天他实在坚持不住，吃完晚饭就准备睡了。第二天上午 10 点还有个重要的会议，于是他把闹钟定在了 9 点。之后他便上床睡觉了。这个时候正好是晚上 8 点。

问题: 到闹铃响时，小美的爸爸一共睡了几个小时？

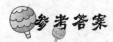 **参考答案**

1 小时。闹钟不是 24 小时制的，而是 12 小时制的，所以到晚上 9:00 就要闹了。

一次长跑比赛

学校举办第十届运动会。

四年级 2 班的小强参加了 1000 米的长跑比赛。同学们都为他加油。在最后冲刺的时候，他的前面还有两名选手。小强一鼓作气，超越了一名选手并保持到终点。

问题: 在这次比赛中，小强最终获得第几名？

 **参考答案**

第二名。

奇妙的出生年份

小美很喜欢她的舅舅,因为舅舅总是送她好吃的。她也想送个礼物给舅舅,可还不知道他的年龄,只知道他比妈妈的年龄大,也是 20 世纪出生的。

这天,舅舅又给她带了好多好吃的。小美终于问了舅舅的年龄。

舅舅说:"我出生的年份很奇妙,如果你把它写在纸上,倒过来看竟也对。"

问题:你知道小美的舅舅哪年出生的吗?

1961 年。

三人进行的百米比赛

小华、小峰和小军三人要进行百米比赛。

小华先和小军比赛。结果小军跑到终点时,小华还差 10 米。接着小华和小峰比赛。这回,小华到终点时,小峰还差 10 米。

问题:如果他们的速度不变,小军和小峰比赛,小军到终点时小峰距终点还有多少米?

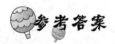

19 米。小华的速度是小军的 9/10,小峰的速度是小华的 9/10,所以小峰的速度是小军的 81/100。当小军跑完 100 米时,小峰跑了 81 米,即距终点还有 19 米。

卖衣服的岚岚

一天,岚岚在服装市场花 90 元买了件衣服。第二天她穿着新买的衣服去学校,结果同学们都说她的衣服特别漂亮。其中一个同学竟强烈要求卖给她。岚岚心想,反正市场还有,于是就以 120 元卖给了同学。

星期六的时候,岚岚又去了服装市场。可她想要的那件已经卖完了。于是她花 100 元买了另外一件衣服,心想:如果还有同学要,就卖 150 元。结果并没有人看好她的衣服。最后,她以 90 元卖了出去。

问题:岚岚这两次究竟是赚了还是赔了?

赚了 20 元。

巧妙测量旗杆的高度

每个星期一,学校都要举行升国旗仪式。大家都注视着国旗冉冉升起,并行队礼,可从来没有人注意旗杆的高度。

又是一个新学期的开始。刚入学的小伟却对旗杆发生了兴趣,他问班主任老师旗杆有多高。班主任也不知道确切的高度。小伟想了想说,他可以测出旗杆的高度。

在一个晴朗的星期六,他带了一个卷尺,和同学毛毛去了一趟校园,很方便地测出了旗杆的高度。

问题:你知道他是怎么测的吗? 当然他是不能爬上旗杆的。

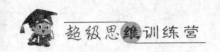

参考答案

他让毛毛站在旗杆旁,当毛毛影子的长度和毛毛的高度相等时,迅速去测旗杆影子的长度,此时旗杆影子的长度正好等于旗杆的高度。

哪种资费更合算

小辉家新买了台电脑,还准备装宽带上互联网。小辉看到电梯里贴着一张网络服务商的广告,可以有3种宽带付费方式选择:(1)按实际上网时间计费,每小时2元;(2)每月45元包30小时,超出时间每小时2元;(3)80元包月,不限时间。

小辉的爸爸估计一下:平均每天需要上网2小时。

问题:小辉家选择哪种方式比较划算呢?

参考答案

以一月30天计算,第一种方式需要 $2 \times 2 \times 30 = 120$(元);第二种方式需要 $45 + 2 \times 30 = 105$(元);第三种方式需要80元。所以应该选择第三种方式。

羊和草料

张大叔买了一批草料准备给他养的45只羊过冬。他算了一下,这些草料刚好够羊吃20天的。但是,得过25天,他才能买到新一批的草料。

问题:为了不让羊饿死,张大叔必须卖掉多少只羊?

参考答案

如果吃25天,则只能有 $45 \times 20 \div 25 = 36$(只),所以必须卖掉9只羊。

小刚爷爷步行的路程

　　小刚的爷爷年轻时是个运动员,如今已经快 70 岁了,依然坚持每天锻炼身体。在他家的不远处有一座小山,在家和小山山坡之间有一段平路相连。他每天从家走到坡顶再走回家,正好是 3 个小时。

　　小刚的爷爷在平路上的步速是 4 千米/小时,上坡的步速是 3 千米/小时,下坡的步速是 6 千米/小时。

　　问题:小刚的爷爷每天步行多少千米?

参考答案

　　12 千米。上下坡的平均速度为 2÷(1/3 + 1/6) = 4(千米/小时),与平路速度相同,全程的平均速度为 4 千米/小时,所以 3 小时共步行 4×3 = 12(千米)。

一共有多少人

班长小斌每次站队的时候都是站在中间。上个星期,班里来了一位新同学。再排队的时候,新同学被排在班长小斌的一队。这时候,班长的前面有 4 个同学,后面有 5 个同学。

问题: 现在班长所在的队列里一共有多少同学?

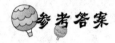

10 人。

百年奥运是哪一届

奥运会每 4 年举办一次。2008 年的北京奥运会是第 29 届,它为全世界人民呈现了一场无与伦比、精彩绝伦的盛会,至今仍被人们津津乐道。

问题: 你知道奥运百年的时候是哪一届吗?

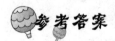

第 26 届,亚特兰大奥运会。

一次打字比赛

五(1)班正在进行打字比赛。最后,小兰和小军闯进决赛。他们要在 5 分钟内比赛打字的得分,对一个字得 1 分,错一个字扣 3 分。小兰每分钟打 70 个字,但错了 9 个字。小军每分钟打 65 个字,错了 4 个字。

问题: 小兰和小军究竟谁是最后的冠军?

参考答案

小兰的得分为 $1 \times 70 \times 5 - 9 - 3 \times 9 = 314($ 分 $)$，小军的得分为 $1 \times 65 \times 5 - 4 - 3 \times 4 = 309($ 分 $)$，所以小兰是最后的冠军。

爬楼梯所用的时间

数学课代表李华收好全班的作业本，去送给数学老师批改。

老师的办公室在另栋楼的八层。李华走到一楼的电梯旁，刚想按钮，发现一张通告:电梯正在检修，请步行上楼。于是,李华只得走楼梯。他从一楼走到四楼用了48秒。

问题:如果李华用同样的速度走到八楼,还得需要多少时间呢?

数字背后的秘密

参考答案

64秒。从一楼到四楼只走了3层楼梯，他用了48秒,所以走一层的时间是 $48 \div 3 = 16($ 秒 $)$。从四楼到八楼,相隔4层,所以用的时间应为 $16 \times 4 = 64($ 秒 $)$。

卖萝卜的张大婶

张大婶拉了一筐萝卜去集市上卖。萝卜和筐总重 66 千克。上午,张大婶卖出一半萝卜。下午,她又卖了剩下萝卜的一半。临回家时,她称了一下萝卜和筐共重 18 千克。

问题:筐重多少千克?

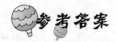

参考答案

这一天,张大婶卖出的萝卜总重量是 66 - 18 = 48 千克,这些萝卜相当

于萝卜总量的 1/2＋1/4＝3/4,所以萝卜总重是 48÷3/4＝64 千克,可得筐的重量是 2 千克。

自行车爱好者

小兰的舅舅是个骑自行车爱好者。这天,他要骑车去省城办事。他先骑了 9 个小时,正好碰到村里去省城的班车,于是就改坐班车,这样坐了 12 个小时到达省城。等他办好事,他就开始骑车回家。他骑了 21 个小时。这时恰好又遇到那辆班车正要回村里。于是又坐上班车。这样过了 8 小时也刚好到家。

问题:如果他坐车从家到省城需要多少小时?

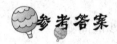

9 小时自行车路程＋12 小时车程＝全程①

21 小时自行车路程＋8 小时车程＝全程②

①－②，整理得 12 小时自行车路程＝4 小时车程，即 3 小时自行车路程＝1 小时车程，那么 9 小时自行车路程＝3 小时车程，代入①式可得，坐车需要 15 小时。

老红军哪天生日

小红每年元旦都要和班里的几个同学一起去看望敬老院里的老人。这里住着一个老红军，每次都给她们讲长征的故事。小红和同学们也听得津津有味。这次，她突然想起来要给红军爷爷过一次生日。于是就问红军爷爷的生日是哪天。

红军爷爷说："两天前我刚 100 岁，明年我就 102 岁了。"

小红一听，都有些丈二和尚摸不着头脑了。

问题：你知道老红军的生日吗？

参考答案

12 月 31 日。她们去看望红军爷爷正好是 1 月 1 日。

伐木工所用的时间

小刚的舅舅是一个伐木工人，每天要用电锯锯倒树木再锯成一定长度的木材。他把一根木材锯成 3 段要 3 分钟。

问题：他要把一根木材锯成 5 段得需要多少分钟？

参考答案

6 分钟。把一个木材锯成 3 段，其实只需锯两次，所以每次平均 1.5 分

钟;那么锯成 5 段,需要锯 4 次,所以是 $1.5 \times 4 = 6$(分钟)。

特殊的工作

琪琪的妈妈工作有点特殊,她每工作 8 天才能连续休息 2 天。这个星期,她正好是星期六和星期天休息,还带琪琪去公园玩了一趟。

问题:如果琪琪还想妈妈在星期六或者星期天带自己出去玩,至少要等待几个星期呢?

7 个星期。

储蓄罐的奥秘

弟弟的储蓄罐里有 28 枚硬币,哥哥的储蓄罐里有 50 枚硬币。哥哥每天向储蓄罐里存 1 枚硬币,弟弟每天向储蓄罐里存 3 枚硬币。

问题:多少天后,弟弟的储蓄罐里的硬币会和哥哥的一样多?

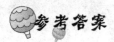

设需要 x 天,则 $28 + 3x = 50 + x$,解得 $x = 11$(天)。

怎样做围栏

钱大爷家新买了十几头小猪仔。他给小猪做了一个周长为 64 米的场地,四周用竹片围起来。为了围栏更牢固,他每隔 2 米就打根木桩。

问题:这个围栏共要打多少根木桩?

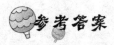

28 个。

图书共有多少张插图

小兰买了一本《安徒生童话》,每 3 页后就有 1 页插图。这本书共有 100 页。

问题:全书共有多少页插图?

25 页。100 ÷ (3 + 1)。

哪一份工作更合适

姐姐的姐姐大学毕业后,应聘了很多家企业。最后她看中两家企业,但仍让她犹豫不决。两家公司开始的工资都是每月 3 000 元。第一家公司承诺每年加薪 1 000 元;第二家公司承诺每半年加薪 300 元。两家公司都要求签 5 年的劳动合同。

问题:你帮姐姐的姐姐算算,5 年中哪家公司给的工资会更高呢?

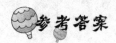

5 年里,第一家公司给的工资总和为 3000 × 12 × 5 + 1000 + 2000 + 3000 + 4000 + 5000 = 19.5(万元);第二家公司给的工资总和为 3000 × 12 × 5 + 300 + 600 + 900 + 1200 + 1500 + 1800 + 2100 + 2400 + 2700 + 3000 = 19.65(万)。所以第二家公司的工资更高。

数字背后的秘密

用拖拉机耕地

张大爷家买了台耕地的拖拉机,让儿子开着耕自己家的地。以前用牛耕地,一天才能耕 10 亩,耕完张大爷家的地得要两天。现在用拖拉机耕地,一小时就耕完了。于是,全村人都想让张大爷用拖拉机帮自己耕地。全村共 2 000 亩地。

问题:如果都让拖拉机耕,需要多长时间?

先算出拖拉机一小时耕 20 亩地,再算出耕完 2000 亩需要 100 小时。

巧妙过桥的司机

小刚的爸爸是链条厂的司机。这天他开车给一个造船厂送铁链。路上,他经过一座 10 米长的小桥,在桥头立有一个警示牌:最多承重 3 吨。小刚的爸爸立马停下了车。因为车自重 2 吨,而车上 30 米长的铁链重就达 3 吨。如果直接开过去,肯定有危险。最后,小刚的爸爸想了一个办法,安全地过了桥。

问题:你知道小刚的爸爸想了一个什么办法吗?

铁链 30 米长,3 吨重,则每 10 米重 1 吨。小刚的爸爸把链条绑在车后拉直,然后开车拖着链条过了桥。

猜测门牌号码

小丽的班上新来了一位同学叫小娟,并且成为了小丽的同桌。没多久,两个人就成了好朋友。

这天,两人商量好星期天小娟去小丽家玩。小娟就问小丽家的门牌号。小丽让小娟猜。

小娟问:"你们家那条路上有多少户啊?"

小丽说:"不到 1 000 户。"

小娟问:"你家门牌号码是偶数吗?"

小丽答:"不是。"

小娟问:"门牌号码是完全平方数吗?"

小丽答:"是。"

小娟问:"是完全立方数吗?"

小丽说:"是。"

数字背后的秘密

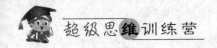

小娟问:"是个三位数吗?"

小丽说:"是。"

小娟最后问:"个位数大于 5 吗?"

小丽答:"是。"

问题:你知道小丽家的门牌号码是什么吗?

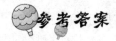

729。

如何称梨的重量

小平的妈妈出去买菜或买水果的时候总是要带着一把弹簧秤。这天,妈妈出去买水果,只带回来了 3 个大梨。小平看见自己最喜欢吃的梨,二话不说就去拿。妈妈一把将小平的手打开,似乎还很生气,"你就知道吃!今天买梨,我差点和卖梨的吵起来。他说我的秤不准。"

爸爸听了,说:"市场里不是有公平秤吗?"

"我知道啊。后来我去公平秤称了,才知道确实是我的弹簧秤有问题了。称一斤以下的东西,我的秤是不准的。只有称 500 克以上的东西才是准的。"

"那你也不该对孩子发火啊。买回来就是吃的。再说,这 3 个大梨肯定都不止两斤了,所以你也没吃亏啊。"爸爸说。

小平又想去拿梨。

"等会!"妈妈叫住他,"那我也得考考你。这 3 个梨每只都不到 1 斤,你就用我的这把弹簧秤称出它们的具体重量吧。称出来了,你就可以吃梨;称不出来,你今天就别吃了。"

小平想了想,还是称出了梨的重量,吃到了梨。

问题:你知道小平是怎么称的吗?

他先称出 3 个梨的总重,然后称两个梨的重量,就可得出余下那个梨的重量。再分别用这个知道重量的梨和其他两个梨称,就可算出另外两个梨的重量了。

游泳池中的孩子

小明星幼儿园有一个游泳池。这天,有几个小朋友在王老师的带领下学游泳。男孩戴的是统一的蓝色游泳帽,女孩戴的是统一的粉红色游泳帽。男孩里有个叫欢欢,女孩中有个叫兰兰。

欢欢说:"游泳池里蓝色游泳帽与粉红色游泳帽一样多。"

可兰兰却说:"不对,蓝色游泳帽比粉红色游泳帽多一倍。"

问题:游泳池里男孩和女孩各多少个?

男孩子有 4 个,女孩子有 3 个。注意:欢欢和兰兰都看不到自己的游泳帽。

一次投篮比赛

体育课上,老师把男生分成两个组,进行投篮球比赛。

甲队一分钟投进了 8 个球,乙队一分钟投进了 6 个球。照这样的命中率,在两队投了 8 分钟之后,乙队的命中率提高到一分钟 10 个球,而甲队却因为体力下降,命中率下滑至一分钟 6 个球。

问题:多少分钟后两队投进的球数相同?

4分钟。$(8-6)\times 8\div(10-6)$。

语文考了多少分

期末考试的成绩下来了,小伟去领成绩单。除了语文,其他几门考得都不错。回到家后,爸爸问他成绩,小伟说:"数学、英语、历史、美术的平均分是95分。"

"是吗,还不错。怎么没听你说语文的成绩呢?"

"语文啊,语文考了——爸爸,加上语文的话,我的平均分是90分。"

"哦,也还可以。"

小伟终于松了一口气。

问题:你知道小伟的语文到底考了多少分吗?

70分。

公园里的大熊猫

兰兰听说动物园来个新动物大熊猫,便吵着要求爸爸星期六带她去看。

来看大熊猫的人特别多。兰兰和爸爸好不容易才挤进去。那是一个正方形的场地。也许是因为刚来,熊猫还很怕人,它们差不多都躲着。每个角上都躲着一只熊猫,而每个熊猫的面前都有4只熊猫。

问题:兰兰他们共看到了几只熊猫?

5 只。

小朋友下象祺

星期天,小强和小勇去小光家玩。他们共下了 3 盘象棋。

问题:他们各下了几盘呢?

2 盘。

谁的玻璃球多

小军和小明都收集了一些玻璃球。这天,小军给了小明 3 个玻璃球,之后,小明又给了小军 7 个玻璃球。这时,他们的玻璃球就正好相等了。

问题:一开始,谁的玻璃球多,多几个?

小明的多,比小军多 4 个。

河堤边上的漫步

晚饭后,小华和奶奶一起去护城河边散步。河边,每隔 5 米就有一棵柳树。从他们走上河堤碰到的第一棵柳树,小华就开始数树。当他数到第 23 棵的时候,奶奶说停下了歇会儿。

数字背后的秘密

问题:这时,他们沿河走了多少米?

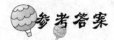

110米。

最喜欢的功课

欢欢所在的班级共有30名同学。经过班主任的一次调查得知:全班同学中,有10人喜欢语文课,25人喜欢音乐课,29人喜欢体育课,12人喜欢美术课,8人喜欢数学课。

问题:这几门功课都喜欢的同学最多有几人?

8人。

篮球场的长和宽

胡老师把全班同学分成8个组,让他们分别测量篮球场的尺寸。小华在一组中负责记录数据,并计算出了篮球场地面积和周长。等测量完,回到班级,各组报数据时,小华突然傻眼了:由于他没有标记,只有数据,他一时竟搞不清哪个对哪个错了。小华的数据有13、28、13、15、3、86、420。这些数据包括篮圈的高度、篮球场的长、宽、周长、面积等。

问题:你能根据这些数据知道篮球场的长和宽吗?

长28米,宽15米。

爸爸铺地砖

小强的爸爸打算给厨房重新铺上地砖。厨房长 4.5 米,宽 3.5 米。小强的爸爸在买地砖时看到有 4 种规格的正方形地砖,边长分别为 30 厘米、40 厘米、50 厘米和 60 厘米。

问题:小强的爸爸最好选择哪种规格的地砖? 共需买多少块?

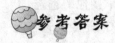

参考答案

边长为 50 厘米的地砖,共需买 63 块。

妈妈掰巧克力

妈妈为了提高小军的学习兴趣,她拿来了一块长方形的巧克力。巧克力由 3×4 个小正方形连成。妈妈对小军说:"你做对多少题,我就奖励你多少块小巧克力。"最终,小军做对了 5 道题。

问题:妈妈最少掰了几次? (只能沿直线掰。)

参考答案

3 次。

提前放学的兰兰

星期五,小兰上的最后一节课是体育课。结果,老师看错表,提前几分钟下课了。之后,小兰步行回家。走了 10 分钟,遇到开车接他的爸爸,于是上车一起回家。但到家的时间仍比平时晚了一分钟,原因是今天爸爸晚出发了七分钟。

问题:小兰今天是提前几分钟放学的?

参考答案

6 分钟。

国庆节摆花装饰校园

国庆节快到了。学校买了很多花要装饰校园。其中四年级 3 班负责给学校大门到教学楼的主道两旁摆放菊花。这条主道长 100 米,学校要求每隔 2 米摆放一盆。

问题:四(3)班同学们共要摆放多少盆菊花?

参考答案

102 盆。

丢失的砝码是哪一个

小涛的爸爸有一架天平,原来有1克、2克、4克和8克砝码各1枚。后来小涛弄丢了其中的一个砝码。爸爸再用此天平时就无法一次称出12克或是7克的重量了。

问题:被小涛弄丢的是几克的砝码?

4克的砝码。

绳子的长度

芳芳爱上了跳绳。她从家里找到了一根绳子。可绳子太长,不好跳,于是她将绳子对折了一下,还是觉得长,又对折了一下,还是觉得有点长,又对折了一下。这时她又觉得有点短了。此时绳子长1米。

问题:绳子总共长几米?

8米。

哥哥几岁了

今年哥哥15岁,弟弟5岁。

问题:当哥哥多少岁时恰好是弟弟年龄的2倍?

数字背后的秘密

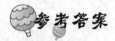

当哥哥20岁时弟弟恰好10岁。

山地车的挡位

在小军10岁生日的时候,爸爸送给他一辆山地车作为礼物。山地车一般都是可以变速的,通过齿轮的调节。小军的这辆山地车,有2个大的齿轮,有5个小齿轮。

问题:这辆自行车可以调出几挡速度呢?

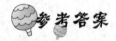

$2 \times 5 = 10$(挡)。

稿费是多少

夏雪的爸爸是个自由作家,主要的收入就是稿费。最近,他又发表了一个剧本,获得了一笔稿费。但是,按照有关规定,作者的稿费也是要缴纳所得税的,具体为:(1)稿费800元(含)以下的,不用交税;(2)稿费在800元以上但不高于4 000元的,应对超过800元的部分征收14%的税。这次,她爸爸共交了392元的税。

问题:夏雪的爸爸这次的稿费共多少钱?

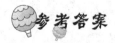

$392 \div 14\% + 800 = 3600$(元)。

小勇背单词

小勇的英语成绩比较差。暑假的时候,他制订了一个背英语单词的计划:当天是几号就背几个单词。

小勇是从 7 月开始背的。满一周时,他刚好背了 100 个单词。

问题:小勇是从 7 月几号开始背的?

参考答案

7 月 29 号。

小军和小芳

小军和小芳约好,星期天上午一起去看电影。他们两家离电影院的距离相等。小军每分钟走 100 米,小芳每分钟走 60 米。两人同时出发。走了

10 分钟后,小军发现钱包没带,于是回家取。当小芳到达电影院的时候,小军也刚好到达。

问题:他们家离电影院有多远?

3000 米。两人同时到达电影院,实际上小军比小芳多走了 20 分钟的路程。假设距离为 x 米,可得方程 $(x + 100 \times 20)/100 = x/60$。

相同的日期写法

在美国,人们写日期时习惯把月写在前,日写在后。在英国,人们习惯把日写在前,月写在后。如 9 月 10 日,美国人写成 9/10,而英国人则写成 10/9。

问题:一年之中有多少天两国人的写法相同呢?

12 天。分别是 1/1、2/2、3/3、4/4、5/5、6/6、7/7、8/8、9/9、10/10、11/11、12/12。

坐火车睡觉的小华

暑假里,爸爸带着小华坐火车去桂林玩。火车开到一半路的时候,小华因为困,睡着了。等他醒来的时候,他问爸爸还有多远。爸爸告诉他剩下的路程是他睡觉中所行路程的 2/3。

问题:小华睡觉时驶过的路程是全程的几分之几?

3/10。

恼人的梅雨

梅雨(黄梅天),指中国长江中下游地区、台湾省、日本中南部、韩国南部等地,每年6月中下旬至7月上半月之间持续天阴有雨的自然气候现象。由于梅雨发生的时段,正是江南梅子的成熟期,故中国人称这种气候现象为"梅雨",这段时间被称为"梅雨季节"。

小红最讨厌梅雨天。她都快一个月没见到太阳了。星期六的中午,她看着窗外的雨,突然对爸爸说:"爸爸,你说36个小时之后,我能见到太阳吗?"

问题:你说那时候小红能见到太阳吗?

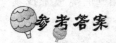

当然不会。因为36个小时之后恰是夜晚了。

全家福上的孩子

黄老师已经退休了,但是他还在家办了一个数学补习班,免费给邻居的孩子们补课。

这天,小芳有几道数学题不会做,于是去请教黄老师。黄老师很快就给她讲解了。小芳很感谢黄老师。这时,小芳看到墙上的一张相片。两个大人,4个小孩。小芳猜想:那应该是黄老师夫妇和他们的孩子。小芳问黄老师:"黄老师,这是您很久以前照的全家福吧?您的那几个孩子当时多大啊?"

数字背后的秘密

"是啊。最小的都 30 多岁了。当时他们才——哦,对了,那时他们的年龄的乘积正好是 15。"

小芳考虑了一下,同时她注意到相片上黄老师抱着的孩子和他老婆抱着的孩子穿着同样的衣服,那一定是双胞胎了。小芳说出了他们的年龄,黄老师高兴地点了点头。

问题:你知道黄老师的 4 个孩子当时的年龄吗?

参考答案

5 岁,3 岁,1 岁,1 岁。

李大叔赔了多少钱

李大叔是个开文具店的。这天,店里来了一位顾客,选了一支 25 元的钢笔。顾客拿出了 100 元让李大叔找。可李大叔找不开,就到隔壁的店里把这 100 元换成零钱,回来给顾客找了 75 元。过了会,隔壁的老板来找李大叔,说刚才收到的是假钱。李大叔马上给他换了一张真钱。

问题:李大叔赔了多少钱?

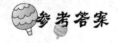参考答案

100 元。

装配自行车的冯大伯

冯大伯开了一家自行车店,有两轮的,也有三轮的。这天他又进了一批轮胎,这批轮胎规格一样,既可以作为两轮的自行车用也可以作为三轮的自行车用,共 31 个。恰好有个人要订购 5 辆三轮车。

问题:这批轮子还够装配多少辆两轮自行车?

8 辆。

能完成生产任务吗

某电视机厂新引进了两条生产线,一条生产线每天可以装配 120 台电视机,另一条每天可以装配 130 台。

不久,电视机厂接到一个订单,要在 30 天后提供 8 000 台电视机。

问题:这两条新生产线能在 30 天内完成这笔订单吗?

不能。因为两条生产线 30 天的生产量是(120 + 130)× 30 = 7500(台)。

跑步的少年

有一个少年,每天都坚持锻炼跑步。这天,他先是顺风跑了 90 米,用了 10 秒钟。接着他原路往回跑,跑了 10 秒,只跑了 70 米。

问题:以他的跑步速度,在无风的情况下,跑 100 米需要多少秒?

先算出他的跑步速度。根据练习情况,算出他的速度(90 + 70)÷ 2 ÷ 10 = 8(米/秒),所以他跑 100 米需要 12.5 秒。

数字背后的秘密

理不清的债务

小嵩、小华、小萌和小芳是同班同学,也是好朋友。上个月,他们因为买东西,相互之间都借过钱。小嵩借给小芳 40 元钱,也向小萌借过 10 元;小华借给小萌 20 元钱,可也向小芳借过 30 元钱。这个月初,几个人准备清理一下之间的债务。

问题:他们最少带多少钱就可一次清偿他们之间的债务?

参考答案

小萌、小华、小芳各自带 10 元给小嵩就可了。

学校离家有多远

小华上初中后,爸爸妈妈就不再送他上学了。每天早晨,小华都步行去学校。小华的舅舅觉得小华走路上学很辛苦,就想买辆自行车送给小华,并问小华家离学校有多远。

小华说："如果我每分钟走 50 米，那我就会迟到 4 分钟。可如果我每分钟走 60 米，我就能提前 10 分钟到校。"

问题：小华家距离学校多远？

参考答案

两种方式，小华到校的时间是相等的。设距离为 x 米，则 $(x-50\times4)/50=(x+60\times10)/60$，算出 $x=4200$（米）。

运输花瓶

某玻璃厂与一个外地批发商签订了 2 000 个玻璃花瓶的购销合同。玻璃厂联系了一家运输公司，双方协议：每个花瓶的运费是 1 元；如果打碎 1 个，不但不给运费，还要赔偿 5 元。最后，运输公司共得运费 1760 元。

问题：运输公司共打碎了多少个花瓶？

参考答案

假设这些花瓶都没有破，安全到达了目的地，那么，运输公司应该得到 2000 元的运费，但是运输公司实际得了 1760 元，少得了 2000－1760＝240 元。而运输公司在运送的过程中每打碎的一个花瓶，相当于少得运费 1＋5 ＝6 元。因此共打碎了 240÷6＝40 个花瓶。

怎么多了一块瓜皮

暑假的一天，豆豆家来了几个客人。加上自己家里的人，总共 9 个。奶奶从冰箱里拿出一个大西瓜，切成了 9 份，每人一份。等客人们都走了，妈妈叫豆豆把桌子上的西瓜皮收拾一下扔到垃圾桶去。豆豆竟然发现总共有 10 块西瓜皮。

数字背后的秘密

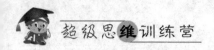

问题:你知道是怎么回事吗?

奶奶在切西瓜时,切了个"井"字,虽然分出的西瓜是9份,但中间的那份是有两块瓜皮的,所以总共有10块瓜皮。

汽车的最长距离

一般的自行车,由于它的前后轮受力不一样,所以它们的前后轮胎的寿命也不同。通常是前轮胎的寿命长,后轮台的寿命短。假设有一辆新的自行车,它的前轮胎的寿命是 5 000 千米,后轮胎的寿命是 3 000 千米。有经验的修车师傅在骑了一段时间之后,会把前后轮胎对调一下,这样不用换新轮胎就可以骑得更久些。

问题:如果通过对调前后轮胎的办法,理论上可以最长骑多远?

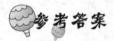

$2/(1/3000 + 1/5000) = 3750$(千米)。

输入的错误

电脑虽然给人们的学习、生活带来了很大便利,但如果不注意也会造成很大的麻烦。

这天,玲玲让奶奶帮她在电脑里输入 1～1000 的 1000 个自然数。可奶奶没看清,总是把 o 当成了 0。等奶奶输完了,玲玲一看,自然有很多都是错的。

问题:这 1000 个数中,究竟有多少个是错的呢?

181 个。一位数中没有错的,两位数中 9 个错的,三位数中有 171 个错的,四位数中有 1 个错的。

当初存了多少钱

小光的妈妈拿着存折去银行取钱。第一天她取了存款的一半多 50 元。第二天取了余下的一半少 100 元。这时存折上还剩 1 350 元。

问题:小光妈妈的存折上原来有多少钱?

参考答案

5100 元。

兰兰的闹钟

兰兰有一个小闹钟。因为用了很长时间了,一天她突然发现闹钟每走 1 小时都要慢 2 分钟。

在她生日的时候,爸爸送给了她一个新的小闹钟。兰兰高兴极了。她把两只闹钟放在一起。很快她又发现,这只新闹钟每一小时会快 1 分钟。

这晚,她把闹钟都调到准确时间 9 点。第二天她放学到家,两个小闹钟的时间正好相差 1 小时。

问题:兰兰到家时的准确时间是几点?

参考答案

5 点。新闹钟每小时比旧闹钟每小时快 3 分钟,经过 20 小时后,新闹

数字背后的秘密

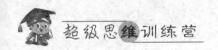

钟正好比旧闹钟快 1 个小时。所以兰兰到家是 5 点。

李阿姨开门的次数

李阿姨是个保洁员,每天要给大厦七层的房间打扫卫生。七层共有 10 个房间。

这天,李阿姨像平时一样,按时来到大厦七层,从保安那儿拿到钥匙,准备开门打扫卫生。但她发现,钥匙上贴的房间号标签没有了。问保安,保安说也不知道被谁给撕了。于是,李阿姨只能一把一把地试,而且为了方便以后开,她就重新贴上标签。而今天也不知怎的,李阿姨的运气特别差,总是要试完手中所有没标签的钥匙时才能打开房门。

问题:你能算一算李阿姨一共试了多少次才打开所有的房门吗?

参考答案

10 + 9 + 8 + 7 + 6 + 5 + 4 + 3 + 2 = 54(次)。

妈妈的做饭时间

小华家今天要来几个客人。妈妈一早就准时起来,打扫卫生,整理房间。10 点整,妈妈开始做饭。菜是昨天就买好的。她要做七道菜,平均每道菜需要做 15 分钟。同时,她还要烧壶热水,得需要 10 分钟。

问题:从 10 点开始,到几点妈妈才能把所有的事做完?

参考答案

11 点 45。做菜共需要 105 分钟,虽然烧水需要 10 分钟,但可以在做菜的同时烧。

考了多少分

小斌参加了一次趣味数学比赛。试卷共 26 道题,做对一题得 8 分,做错一题扣 5 分,不做不得分也不扣分。26 道题,小斌都做了。结果考了 0 分。妈妈一看到分数就火了:"你怎么一道题都没做对?"

"我有做对的呀!"

问题:你知道小斌做对了几道题吗?

参考答案

如果小斌全做对,得 $26 \times 8 = 208$(分),但最后是 0 分,说明丢了 208 分。而每做错一道题不但不得 8 分,还扣 5 分,相当于错一道题丢 13 分,共丢 208 分,$208 \div 13 = 16$,小斌共做错了 16 道题,则他一共做对了 10 道题。

分鱼的智慧

张爷爷是个钓鱼爱好者。这天,又出去钓了很多鱼回来。到家后,他数一数,称一称,有2条一斤重的,有3条2斤重的,有4条3斤重的,有5条4斤重的,还有1条5斤重的。

恰好,今天他的3个孙子也都来了,知道爷爷又钓了很多鱼,很高兴,还居然让爷爷给他们分鱼。

最小的孙子说:"爷爷,我们的鱼要一样多。"

另一个孙子说:"不,爷爷,我们分得的鱼的重量要相等。"

大孙子说:"爷爷,我们的鱼既要数量一样多而且总重也得相等。"

这一下可真把张爷爷难住了。但他想了想,最后还是按照孙子们的要求把鱼分成了三等份。

问题:你知道张爷爷是怎么分的吗?

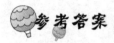参考答案

2条1斤的,2条4斤的,1条5斤的;2条2斤的,1条3斤的,2条4斤的;1条2斤的,3条3斤的,1条4斤的。每份鱼都是5条15斤。

如何巧摆正方形

小强家买了一套新房,正在装修。这天,爸爸带着小强去看房子装得怎样了。这时有几个工人正在往卫生间墙上贴瓷砖。爸爸问道:"这种的瓷砖的规格是多少啊?"

"长12厘米,宽10厘米,厚0.5厘米。"一个工人答道。

"哦,"爸爸又对小强说,"你能用这些瓷砖摆个正方形吗?"

"当然可以。"小强自信地答道。结果他用30块瓷砖摆了个正方形。

"我可以用更少的瓷砖。"其中一个工人看了小强摆的后笑着说道。

问题:你知道那个工人怎么摆的,用了多少块瓷砖吗?

参考答案

把20块瓷砖叠在一起,可以拼出一个边长为10厘米的正方形。

烤面包的智慧

约翰家里有一个老式的烤面包机,但一次只能放两片面包。如果想两面都烤,只能烤好一面再翻过来烤。每烤一面正好需要1分钟。

一天早晨,约翰的夫人要烤3片面包,两面都烤。约翰看了夫人的操作后,笑了。她花了4分钟时间。

"亲爱的,你可以用少一点的时间烤完这3片面包,"约翰说,"这样我们也可以节约一些电费。"

问题:你觉得约翰说的可行吗? 如果可以,你知道他是怎么做到的吗?

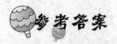参考答案

用3分钟就可烤完。把三块面包的正反面分别标记为A正、A反、B正、B反、C正、C反,先烤A正和B正,接着烤A反和C正,最后烤B反和C反。

茜茜的压岁钱

茜茜在过年的时候收到了一份特殊的压岁钱,是姑妈给的连着号的崭新的一元纸币。她先是用这些钱的一半买了一顶心爱的帽子,在坐地铁的时候给了乞丐一元钱。然后用剩下钱的一半买了一本作文书,还买了一支2块钱的水笔。最后她用余钱的一半买了一块手帕,还吃了一个3块钱的冰激凌。这时,她手里只剩下一块钱了。

问题:茜茜的这份压岁钱里原来共有一元纸币多少张?

42 张。一张就是一块钱,可以从后向前推算。

兄弟二人爬楼比赛

兄弟俩比赛爬楼。弟弟爬到 3 楼的时候,哥哥已爬到了 5 楼。

问题:如果俩人的速度不变,当哥哥爬到 13 楼的时候弟弟爬到多少楼?

7 楼。

一次安全知识竞赛

小利被全班推选去参加学校举行的小学生安全知识竞赛。比赛结束后,同学们都迫不及待地问小利得了第几名。小利说:"把我的得分、名次和年龄相乘,积正好是 1958。"同学们听了,面面相觑。

问题:你能猜出小利的分数、名次和年龄吗?

$1958 = 2 \times 11 \times 89$,因而可以猜出小利今年 11 岁,比赛得了 89 分,是第二名。

巧妙携带钢管

铁路系统规定:旅客不可以携带长、宽、高超过 1 米的物品上车。

这天,小明和妈妈去姥姥家,但要给姥姥带一根钢管做晾衣架。妈妈让小明找一根 1 米长的钢管。小明想了想,对妈妈说:"妈妈,我们可以带一根 1.7 米长的钢管。"

妈妈诧异地看着小明,说:"铁路上有规定,只能带不超过 1 米的物体呀。"

小明却自信地说:"我们合理合法,不违反规定哦。"

问题:你知道小明是怎么做到的吗?

参考答案

小明做了一个长、宽、高都是 1 米的纸箱子,纸箱子的斜对角的长度约为 1.732 米,刚好可以把钢管放进去。

第一次见面是星期几

小白兔和小松鼠是好朋友,他们是在网上认识的。那年的 1 月 1 日,他们第一次在网上相识,那天是星期一。一个多月后的 2 月 22 日,他们第一次见面。从此他们结下了深厚的友谊。

问题:他们第一次见面那天是星期几?

参考答案

从 1 月 1 日到 2 月 22 日,共有 31 + 22 = 53(天),53 ÷ 7 = 7……4,所以 2 月 22 日是星期四。

那 10 元哪去了

暑假里,小华和两个同学一起去旅游。晚上了,他们去投宿。一连找了几个旅店都没有空房间了。最后终于找到一家旅店有空房,但只有一间,而且要 300 元。三个人每人掏了 100 元凑了 300 元交给了服务员。后来经理说今天优惠只要 250 元就够了,要求服务员退给他们 50 元。服务员却私藏了 20 元,然后,把剩下的 30 元钱分给了小华他们三人,每人分到 10元。这样,一开始每人掏了 100 元,现在又退回 10 元,也就是 90 元,三人总共付了 270 元 + 服务员藏起的 20 元 = 290 元。

问题:还有 10 元钱哪去了呢?

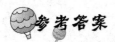

这道题很具有迷惑性。其实他们共付的 270 元里就包括服务员私藏的 20 元,所以应该加上 30 元而不是 20 元。

租车去扫墓

清明节的时候,东风路小学组织全校师生去祭扫革命烈士墓。学校租来了大巴车。如果每车坐 45 人,就有 10 人不能上车;如果每车多坐 5 人,恰好又多出 1 辆大巴车。

问题:全校共有多少名师生?学校共租了多少辆车?

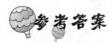

设共租车 x 辆,可得方程 $45x + 10 = 50x - 50$,解得 $x = 12$,再代入等式一边可算出全校师生共 550 名。

王师傅买葱

　　食堂的王师傅去菜市场买葱,问一个摊主葱多少钱一斤。摊主说:"1块钱1斤。正好100斤,我得卖100元。"

　　王师傅问:"葱白跟葱绿分开卖不卖?"

　　摊主说:"卖。葱白7毛,葱绿3毛。"

　　王师傅说都要。摊主称了称葱白50斤,葱绿50斤。最后一算葱白 0.7×50 等于 35 元,

　　葱绿 0.3×50 等于 15 元,35 + 15 等于 50 元。

　　王师傅给了摊主 50 元就走了。

　　到了晚上,那个卖葱的摊主终于琢磨起来:明明要卖 100 元的葱,为什么那个买葱的人 50 元就买走了呢?

　　问题:你知道是为什么吗?

参考答案

本来摊主是想$(0.3+0.7)\times(50+50)$。而在实际算的时候却算成了$0.7\times50+0.3\times50$即$(0.7+0.3)\times50$,等于少算了50斤。

与老师面对面的学生

又到体育课了。三年级(2)班的40名同学疯狂地向操场跑去。大家按平时的队形站好,等待张老师的到来。

张老师来了。同学们发现张老师除了拿来平时大家爱玩的球外,好像还有一些什么东西。张老师一声哨响,同学们站得更精神了。"同学们,今天我要给一些同学发小礼品。可是谁会得到呢?"

"我。"

"我。"

"应该给上课认真的同学发。"

同学们议论纷纷。

张老师笑了笑,说:"我们玩个小游戏。你们按我说的去做,最后谁面向我,我就发给谁小礼品,好不好?"

同学们都高兴地同意了。

"你们现在站成一排,都背向老师。然后你们从一开始报数。请报到4和4的倍数的同学向后转,同时请报到6和6的倍数的同学也向后转。这时,谁面向我,我就把小礼品给谁。"

同学们按老师的话去做了。

问题:你知道最后有多少同学能得到张老师的小礼品吗?

参考答案

10人。自己在纸上画一下就知道了。注意:4的倍数中有6的倍数哦。

抢苹果的双胞胎兄弟

光光和明明是一对双胞胎。他们都很聪明可爱,爸爸妈妈都很喜欢他俩。

这天,爸爸拿着 5 个苹果对光光和明明说:"我今天出一道难题考考你们。谁要是获胜了,我就奖励谁一支金笔。我现在有 5 个苹果,你俩现在每次最多只能拿 2 个,吃完了才可以再拿,谁吃得多我就把金笔给谁。"

爸爸的话刚说完,明明就拿起两个苹果吃起来。光光想了想,竟拿了一个苹果啃起来。

问题:你猜谁会得到金笔呢?

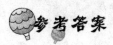 **参考答案**

光光。光光吃完一个苹果时,明明肯定还没吃完两个苹果,所以他可以拿剩下的两个苹果。最终,光光吃了 3 个,而明明只吃了 2 个,所以光光能得到爸爸的金笔。

看韩剧

小芬的妈妈是个韩剧迷。从这个星期天开始,将开始播放一部长达 84 集的韩剧。除了每个星期六停播,每天播出一集。

问题:这部新韩剧的大结局将在星期几播放?

 **参考答案**

星期五。

换果汁的婷婷

婷婷最爱喝果汁。

这天,她向妈妈要了8元钱又去超市买果汁。恰好,今天店庆,超市打特价:果汁1块钱一瓶,而且还可以用两个空瓶换一瓶果汁。婷婷高兴极了。

问题:你知道婷婷用这8元最多一共喝到了多少瓶果汁吗?

参考答案

16瓶。当她换到最后,手中只剩下一个空瓶时,她向邻居借了一个空瓶后又去超市换回一瓶果汁,喝完后正好把空瓶子还给邻居。

乘电梯的孩子

星期天,妈妈带着两个孩子去商场买羽绒服。羽绒服在二楼。他们要乘坐一个电扶梯上楼。他们同时跨上电梯,但哥哥又以每秒一阶的速度向上跑去,弟弟以2秒一阶的速度向上跑去。30秒后,哥哥到达二楼。此时,弟弟还差15阶,妈妈刚到第20阶。

问题:电扶梯总共有多少阶?

参考答案

50阶。

数鸟的豆豆

豆豆家门前有3棵大梧桐树。每天都有很多鸟在上面嬉闹。

这天,飞来了一群麻雀。豆豆数了数,还真不少,3棵树上一共停了36

只。忽然,有6只从第一棵树上飞到了第二棵树上,然后又有4只从第二棵树上飞到了第三棵树上。此时,豆豆惊奇地发现3棵梧桐树上的麻雀正好相等。

问题:你知道刚开始的时候3棵树上各有多少只麻雀吗?

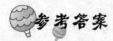
参考答案

18只,10只和8只。

一次飞镖比赛

爸爸给小强买了一个飞镖玩具套装。这天,小强和爸爸比赛投飞镖,谁输了,谁洗碗。他们各有3支镖。结果,小强以13环之差输给了爸爸。爸爸有一镖竟然中了10环,而小强有一镖只中了1环。小强甘拜下风,不得不去洗碗了。

数字背后的秘密

镖靶有 10 个黑白相间的同心圆组成，且相邻同心圆半径的差都等于中心最小圆的半径。

问题：1 环的面积是 10 环面积的多少倍？

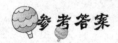

19 倍。

小剧场里的观众

明星小学有一个小剧场，共 120 个座位。每周六都会放一场电影。票价这样：男教师 5 元，女教师 2 元，学生 1 元。

这个星期六，剧场要放一部新大片。周三的时候，门票就已经卖完了。卖门票的张大妈数了数门票钱为 201 元。

问题：看电影的男教师、女教师、学生各多少人？

男教师 17 人，女教师 13 人，学生 90 人。

临时客车的车票

小美的爸爸在 B 城市打工。快到春节了，他要回到 C 城市过年。但是，今年的火车票特别不好买。最后，他只买到了一张从 B 城到 C 城的临时客车的车票，还是站票。这趟车中途要经过 6 个站。

问题：就这一趟列车而言，铁路部门要准备多少种车票呢？

这趟车,全程共有 8 个站,所以需要准备 7 + 6 + 5 + 4 + 3 + 2 + 1 = 28（种）车票。

植树节种树

3 月 12 日植树节这天,几个同学约好一起去植树。

他们来到一座小山上,休息了一会儿,随后开始挖树坑。每个树坑只种一棵树苗。如果每人挖 5 个树坑,则还有 3 个树坑没人挖;如果其中两人各挖 4 个树坑,其余每人挖 6 个树坑,就恰好挖完所有的树坑。

问题:共有多少个同学? 他们准备挖多少个树坑?

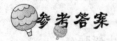参考答案

〔3 + 2 × (6 − 4)〕÷ (6 − 5) = 7（人）,7 × 5 + 3 = 38（个）树坑。

数字背后的秘密

第三章 数字脑筋急转弯

泰坦尼克号

凭借聪明和运气,杰克在码头赢得了船票,登上了泰坦尼克号。

泰坦尼克号是当时世界上最豪华的游轮。在它的船舷上挂有几个救生艇。救生艇离海面的距离有 5 米。游轮从英国港口驶离不久,海水便开始涨潮。

问题:如果海水每小时上涨 1 米,多长时间会到达救生艇呢?

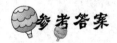

在它沉没前是不会的,因为水涨船高。

王老汉渡河

王老汉带着一只狗、一只鸡和一桶米渡河。他有一条很小的船,但每次他最多带一样东西过河。同时,如果他不在,鸡会吃米,狗也会吃鸡。

问题:他怎样才可以安全地将三样东西渡过河呢?

**参考答案**

第一步,把鸡渡过河;

第二步,把米渡过河,同时把鸡带回来;

第三步,把狗渡过河;

第四步,把鸡渡过河。

还不知道

有几个登山爱好者一起去爬一座高山。他们为了随时保持联系,携带了一套呼叫系统,他们之间可以随时通话。

在快到达山顶的时候,一个队员一不小心,跌入身边的悬崖中,并以每秒9.8米的速度自由下落。其他队员赶紧呼叫:"你怎么样?"

"我还不知道。"

问题:为什么?

**参考答案**

那时他还没到崖底,还在下落中。

奇怪的数

有一个数,如果去掉左边第一个数变成十七,如果去掉右边第一个数变成二十。

问题:这个数是多少?

**参考答案**

二十七。

磁 极

小强有一个条形磁铁。磁铁都有两个磁极,南极和北极。这天,小强不小心,把磁铁摔成了两段。

问题:其中的一段有几个磁极?

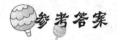

两个。

出 差

徐亮正在过他的暑假。这天,他突然接到爸爸的电话,说公司临时让他出差,一会回来拿点东西就走。他告诉徐亮:在他房间的书桌上有一个信封,里面装着钱,并叫他去超市给他买几样日用品。徐亮找到了那个信封,看到上面还写着"98"。徐亮想着那大概是信封里的钱数了。他没多想,就去附近的一家超市买了爸爸要的东西。在付钱时,收银小姐告诉他总共90元。徐亮把信封里的钱都给了收银小姐,结果收银小姐说还差4元。

问题:你知道是怎么回事吗?

徐亮一着急,把信封上的数字看反了,其实爸爸写的是"86"。

数学水平

有一个孩子的数学很差,但他的数学老师总说他的数学水平是数一数二的。

问题:为什么?

参考答案

这个孩子只会从 1 数到 2。

有个怪物

有个东西,一人的时候有 3,二人的时候有 4,三人的时候有 5,四人的时候有 7,五人的时候有 6。

问题:这是什么?

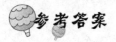

笔画。"一人"的笔画总数是3;"二人"的笔画总数是4;"三人"的笔画总数是5;"四人"的笔画总数是7;"五人"的笔画总数是6。

叫　卖

一个集市上,有个人正在卖东西。可是,就是没有人光顾。他灵机一动,叫卖起来:"哎,快来看,快来买啊! 一个2元,50个3元。如果你需要,3元也可以买100个,1 000个,10 000个。如果你肯花4元,你就可以买100万个喽。快来看,快来买啊!"

这一喊,果然很奏效。他的身边立刻围满了人。

问题:你知道他是卖什么的吗?

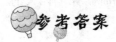

卖字的。

值得表扬

期末考试成绩出来了。三门主课,语文、数学、英语,淘淘竟然都考了0分。同学们都嘲笑他。班主任却说:"他比起你们当中有些人,淘淘有一点还是值得表扬的。"

问题:你知道是哪一点吗?

淘淘没有作弊。

剩下的蜡烛

有一对恩爱的夫妻。这天是他们的结婚10周年纪念日。

妻子做了一桌丰盛的晚餐,丈夫点着了10支红蜡烛并打开了几瓶红酒。他们要共进烛光晚餐。

他们刚吃,一阵风从窗户吹进来,吹灭了一枝蜡烛。夫妻俩都没有管,继续吃着。当他们举起酒杯时,又一阵风吹进来,吹灭了两支蜡烛。丈夫终于忍不住了,站起来去关上了窗户。夫妻俩依旧没有点着被吹灭的蜡烛,因为他们都比较喜欢七。

就这样,他们吃啊,聊啊,喝啊,无比高兴和幸福。最后两人都喝醉了,睡着了,直到第二天下午才醒来。

问题:当他们醒来时,桌子上还剩下几支蜡烛?

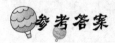 参考答案

3支。燃着的7支蜡烛最终都烧完了,所以,只剩下那3支被风吹灭的蜡烛了。

吃 药

小春生病了,去看医生。医生只给他开了3粒药丸,并要他每半个小时吃一粒。

问题:小春吃完这3粒药需要多长时间?

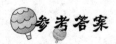 参考答案

一个小时。

香蕉多少钱

小兰去买水果。一斤苹果4元钱,一斤橘子3元钱。

问题:一两香蕉多少钱呢?

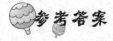参考答案

10钱。两和钱都是中国古代的重量单位,而且1两等于10钱。

剩下的柿子

柿子树上有20个熟透的柿子。半夜起风,吹落了一半。第二天,主人又摘下来一半。

问题:树上还有几个柿子?

参考答案

5个。

做不到

一位先生去理发店洗发。洗完后,他又让理发师给他梳个"中分"。理发师看看他的头,无奈地说:"我做不到。"

问题:你知道为什么?

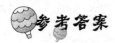参考答案

那人的头发数是奇数。

从一到千

两个小朋友比赛写数字,从 1 写到 1000。一个小朋友用了很长的时间,而另一个小朋友只用了几秒。

问题:为什么?

参考答案

另一个小朋友只写了 1000。

牛的角

有个农夫养了 5 头牛,却共有 9 只角。

问题:这是为什么?

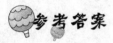参考答案

其中有一只是独角的犀牛。

妞妞的生日

妞妞在二月一日过生日。

问题:是哪年的二月一日呢?

参考答案

每年的二月一日。

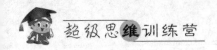

取 水

有个地方很缺水,方圆几百里地,只有一口水窖。水窖旁有一块石碑,上面刻着:3 人 3 天最多取 3 桶水,否则将被处死。有一家有 9 口人。

问题:9 人 9 天最多可以取几桶水呢?

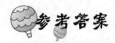

九桶。

快速的蜗牛

有一只小蜗牛,从广东爬到海南岛竟然只用了 3 分钟。

问题:它是怎么爬的?

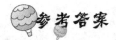

它是在地图上爬的。

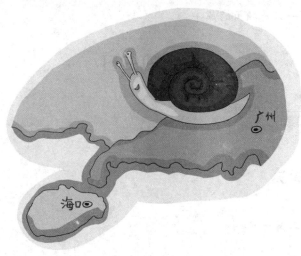

鞋的价钱

小松的姑姑要买双新鞋。她看中了一家商场里的皮鞋,标价是428 元。

问题:此鞋一只多少钱?

商家不会只卖一只。

分苹果

妈妈提了一袋苹果回来,共 6 个,让小嵩分给弟弟、妹妹还有他自己三个人。

问题:小嵩分完后,为什么袋子里还有 2 个苹果呢?

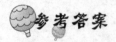

小嵩给弟弟、妹妹各 2 个,剩下的苹果和袋子归自己了。

一只左手

萍萍的爸爸、妈妈都很健康,她也没有残疾。妈妈后来又生了个弟弟。萍萍一看到弟弟,竟发现他只有一只左手!

问题:怎么回事?

一个健康的人都只有一只左手和一只右手。

剩下的兔子

一个猎人发现前面草丛中有 3 只兔子。他举枪，一枪就打死了一只兔子。

问题：草丛里还有几只兔子？

参考答案

一只，那只被打死的兔子。

昂贵的纸飞机

5 岁的弟弟用纸折了一架飞机。

问题：为什么爸爸看见后说这架纸飞机值好几百块呢？

参考答案

弟弟是用 100 美元的纸币折的。

干洗衣服

小凤的妈妈拿了几件羽绒服去干洗。她看到一家洗衣店的门口的牌子上写着：24 小时取衣，于是走了进去。结果，店里的店员告诉她 3 天后来取。

问题：你知道为什么吗？

因为洗衣店的员工每天工作八小时,所以24小时正好是3天后。

好人和坏蛋

有3个好人和1个坏蛋同搭一条小船过河。小船行到河中间时,竟突然翻了。3个好人都不会水,结果都淹死了。但那个坏蛋却独自浮了上来。

问题:这是为什么?

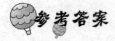

因为蛋坏了以后确实会浮在水面上的。

奶奶分糖

奶奶有7颗糖,想分给2个孙子吃。这2个孙子她都非常的喜欢,所以必须得平均分,可又不能把糖咬碎了。

问题:怎么办?

奶奶自己吃一颗,然后给他俩一人3颗。

一加五

爷爷问小光:"1加5等于几啊?"
小光很快答道:"6。"

数字背后的秘密

"嗯,不错,"爷爷继续说,"可我算的时候,1 加 5 也能等于 10。"

小光不知何故。

问题:你知道怎么回事吗?

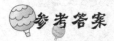

珠算的时候,下五排的珠子,一个珠子代表 1;上两排的珠子,一个珠子代表 5。

女儿多大

两位母亲各自带着自己的女儿在小区的广场上玩。其中一位母亲问另一位母亲:"你家的女儿多大了?"

"哦,她上次过生日时是 7 岁,下次她再过生日就 9 岁啦。"

问题:这位母亲的女儿多大呢?

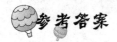

8 岁。

下军棋

豆豆和爸爸、爷爷下军棋。他们共下了 45 分钟。

问题:他们每人下了多长时间呢?

45 分钟。

两车过桥

两辆自重2吨的卡车载着8吨重的货物一前一后地行驶着。前方要过一座长10米的桥。第一辆车刚到桥头,却坏了,开不了了。此桥的最大载重量是10吨。

问题:怎么办能让两辆车快速安全地通过桥呢?

 参考答案

用一根10米长的绳索,让后面那辆卡车拉着坏卡车过就可以了。

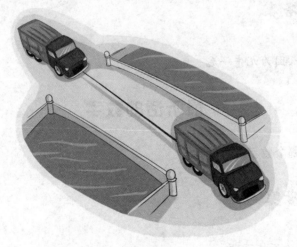

两座桥

一条河上,相距100米有两座桥,一高一低。汛期的时候暴发了3次大水,两座桥都被淹了。

问题:为什么距地面高的桥被淹了3次,而距地面低的桥却只被淹了1次呢?

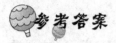

洪水退后,高桥露了出来,而低桥一直被淹着。

牛　价

问题:一毛钱可以买几头牛?

九头牛,因为九牛一毛。

最听话的数字

问题:哪个数字最听话呢?

100,因为百依百顺。

烟的方向

一列火车以时速 300 千米的速度向南行驶。恰好有一股时速 20 千米的南风。

问题:如果你坐在火车上,会看到烟往哪个方向飘?

这是一列高铁，所以是没有烟的。

摆　数

问题：给你 3 根火柴棒，摆出一个数既要比 3 大又要比 4 小呢？

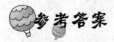

摆成圆周率的"π"。

狮子与猎豹

　　草原上，一头狮子和一只猎豹同时发现了一只受伤的羊。这只羊距离狮子和猎豹都是 100 米。猎豹和狮子同时向羊冲去。当猎豹咬到羊的时候，狮子还差 10 米。

　　问题：如果猎豹距羊 110 米，狮子距羊还是 100 米，同时向羊冲去，谁会先到达呢？

　　猎豹。

多久再见

　　两个人相向而行。10 点整，他们擦肩而过。

　　问题：从擦肩那刻起，最短多少时间又可见面？

数字背后的秘密

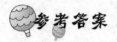参考答案

一步的时间。擦肩的时候每人各后退一步。

过独木桥

一个 60 千克重的人带着两个 1.2 斤重的鸵鸟蛋过一座独木桥。但独木桥年久失修,现在只能承重 61 千克斤。但这个人安全地把蛋带过了桥,而且没有碎。

问题:他是怎么过的?

参考答案

这个人是个杂技演员,他把鸵鸟蛋颠着走过去的。

分豆子

有两个袋子,一个袋子里装着红豆,一个袋子里装着绿豆。小勇不小心,把两个袋子碰翻了。但他很快就把红豆和绿豆分开并装回了袋子。

问题:小勇是怎么分的?

参考答案

每个袋子里各一粒豆子。

剩下的西瓜

黄大叔家的西瓜又大丰收了。一大早,他就拉了一车西瓜去城里卖。

到了中午,西瓜的一半的一半的一半比一半的一半只少半个了。

问题:黄大叔还剩多少个西瓜?

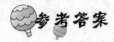 参考答案

2 个。

两个脑袋六条腿

问题:什么东西有两个脑袋、六条腿、一条尾巴?

 参考答案

一骑(jì),即一人骑着一匹马。

火灾逃生

一座大楼发生了火灾。火势越来越大,正在 29 层上厕所的老蔡慌忙中逃到了顶楼。走投无路之下,他跳到了只相隔 0.5 米的一座楼的楼顶上。但不幸的是,老蔡还是摔死了。

问题:为什么?

 参考答案

旁边的那座楼只有 6 层。

鸟没飞

约翰发现了一群鸟。他用猎枪打死了一只,但其他鸟都没有飞。

数字背后的秘密

问题:为什么?

他发现的是一群鸵鸟。

小划盆

小辉和小伟同时来到一条河边,都着急过河。河边只有一只小划盆,每次只能载一人过河。河有 50 米宽,3 米深。两人都不会游泳。但很快他俩都到了对岸。

问题:怎么回事?

他们分别在河的两岸。

谁大谁小

有一天,0、1、2、3、4、5、6、7、8、9 这几个数字要比一比谁最大,谁最小。

9 跳出来得意地说:"当然是我最大!"还指着 0 说,"尤其是你,没头没脑,表示一个也没有,你最小!"

0 的脸涨得通红,伤心地哭了起来。这时,1 把 0 拉过来说:"别难过,我们俩合在一起比他大。"9 看到了,不好意思地低下了头。

问题:为什么?

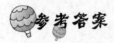参考答案

1 和 0 组合在一起就成了 10,当然比 9 大喽。

十兄弟

0、1、2、3、4、5、6、7、8、9,它们是兄弟。它们经常在一起玩耍,有时也会争吵不休。

这些天,0 在减肥,整天在腰间扎根绳子。6 看见了,对 0 说:"何苦呢,看你天天扎的跟 8 似的,你就是再减,也不可能有 1 那么苗条。"

1 听到了,很得意,说:"那是,我天生就这么苗条,根本用不着减肥。"

"所以啊,你还光棍一根啊。"6 说。

"那我也比你天天倒着走装 9 好。"1 反唇相讥。

"你们都别吵了,"2 说,"跟你们说一件可怕的事:那天,3 半夜才回家,我还以为 8 被谁劈成一半了呢。"

大家就都乐了。

问题:你知道它们中谁最懒,谁最勤快吗?

数字背后的秘密

参考答案

1 最懒, 2 最勤快。有成语为证：一不做, 二不休。

数字赛跑

虽然 0 在九个数字中最小, 但他跑步可不慢。这天, 0 向 6 发起了挑战："小 6, 你敢和我比赛跑步吗?"

6 说："怎么不敢, 你会输得很惨的!"

0 轻蔑地瞧了 6 一眼, 说："就你? 那好, 明天下午, 我们就在这儿比赛。"

6 回到家中, 告诉哥哥 9 今天 0 向他挑战的事。9 听了大惊失色："啊, 0 可是我们这里的速度之王啊!" 6 不慌不忙地说："明天啊, 我们就这样做……"

第二天, 6 和 0 的比赛开始了。只见 0 像离弦之箭向终点冲去。当他高兴地快到终点时竟发现 6 已经在那了。

"耶, 我赢了!"6 大喊。

0 傻了, 他不相信 6 能赢。

问题:你知道 6 让 9 怎么做的吗?

参考答案

6 早让哥哥 9 倒立在终点, 这样子就是另外一个"6"了。

三张门票

小丽对小兰说："有两位母亲带着她们各自的女儿去公园, 可是只买了

3 张门票。"

问题：你知道为什么吗？

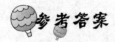

小丽和她的妈妈及姥姥一起去的。

树上的麻雀

飞飞家院子里的一棵冬青树上停着 7 只麻雀。飞飞用弹弓打中了一只麻雀掉到地上。

问题：冬青树上还有几只麻雀？

没有了，都吓得飞走了。

吃苹果

小倩最爱吃苹果。但有时也特别怕吃到生了虫的苹果。

问题：你觉得小倩吃苹果时最怕看到几条虫？

半条。

狗拉雪橇

一个人赶了一辆 7 只狗拉的雪橇跑了 7 千米。

问题:每只狗跑了多少千米?

参考答案

7千米。

棉花和铁哪个重

问题:500克棉花和500克铁,哪个重?

参考答案

一样重。

数字对联

古时候,有个人家里很穷。一年春节,他给自己家门上贴了一副这样的对联,上联是:贰叁肆伍,下联是:陆柒捌玖。

问题:你知道他家的横批写的是什么吗?

参考答案

缺壹少拾,意为"缺衣少食"。

剩下的桌角

小勇家有一张长方形的玻璃茶几。

这天,他和几个小朋友在家玩,不小心,打掉了一个角。但是破碎处很

齐整,就像是被玻璃刀裁的一样。

问题:小勇家的茶几还有几个角?

参考答案

5个。

8 的一半

一天,老师对同学们说:"8 的一半不一定都是 4。"

问题:除了 4,8 的一半还会是多少呢?

0 和 3。

狗吃骨头

小国去表哥家做客。表哥家的院子里拴着一只大狼狗叫聪聪。小国已经和聪聪很熟了。中午吃饭的时候,小国扔了一块骨头本想给聪聪吃,可他扔得不够远,聪聪怎么够也够不着离自己只有 10 厘米远的骨头。

问题:如果没人帮助聪聪,聪聪用什么方法可以吃到那块骨头呢?

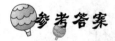

只要聪聪倒过身子就很容易用后腿够着骨头了。

找　钱

小美想买件新衣服。妈妈给了她 100 元钱。小美买了一件 70 元的衣服,结果老板找了她 10 元。

问题:为什么?

妈妈给小美的钱并不是面额为 100 元的,小美当时只给了老板 80 元。

第一位的年龄

这一天,爸爸、妈妈带你去公园玩。你想乘坐摩天轮,可是公园有新规定:成人不能乘坐。爸爸给你买了一张票。你拿着票排队,正好排在第一位。当排满 10 人的时候,工作人员便打开门同时要求报自己的年龄。从第二位到第十位的年龄分别是 8 岁、9 岁、10 岁、11 岁、12 岁、13 岁、14 岁、15 岁、16 岁。

问题:第一位是多少岁?

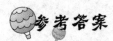

你多少岁就是多少岁。

节能灯

为了降低能耗,某公司把所有的灯都换成了节能灯。公司的一个办公室里现在共装有 6 盏节能灯全亮着。中午吃饭的时候,小王关掉了 4 盏节能灯。

问题:办公室里还有几盏节能灯?

6 盏。

$$2 + 5 = 1$$

2 加 5 在什么情况下等于 1?

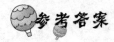

2 天加 5 天等于 1 周。

煮　蛋

小伟很喜欢吃茶叶蛋。奶奶经常给他煮。煮一个茶叶蛋要 20 分钟。

问题：奶奶给小伟一下煮 4 个茶叶蛋要多少分钟？

参考答案

20 分钟。

另一枚硬币

媛媛手中有两枚硬币，一只手中是一元的，一只手中是一角的。

问题：她左手中的不是一元的，她右手中的是多少的？

参考答案

一元的。

上学与放学

明明上学每天从家到学校要一个小时，每次放学从学校到家却要两个半小时。

问题：为什么？

参考答案

两个半小时就等于一小时啊。

张嘎过桥

张嘎子是抗战时期的小游击队员、小英雄。一次,他给八路军送一份非常重要的情报。途中要经过一座有日本兵控制的桥。桥的两头各有一个哨卡,分别有一个日本兵看守。他们每隔 10 分钟就要轮流出来察看。如果没有路条,偷偷过桥,被他们发现后,就会被逼回去。

张嘎子来到桥头,看到两个日本兵都在哨卡里,而且都在打瞌睡。他悄悄地走上桥,向对岸走去。可他刚走到桥中间,就被身后的日本兵看见了。日本兵端着枪冲出哨卡,叫住张嘎子。但张嘎子灵机一动,还是安全地过了桥。

问题:你知道张嘎是怎么做的吗?

参考答案

在日本兵走出哨卡的一刹那,张嘎转过身向那个日本兵走去。这样,那个日本兵叫他回去,他就再转个身正好走过桥去了。

火车在哪

一列火车,从 A 地开到 B 地需要 10 个小时。

问题:从 A 地出发,1 个小时后,火车在哪?

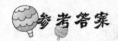参考答案

铁轨上。

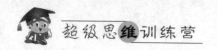

月　份

一年有 12 个月,最长的月有 31 天,最短的月是 28 天。

问题: 一年有多少个月有 28 天?

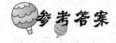

12 个月,因为每个月都有 28 天。

一样的答案,不一样的分数

王老师在批改试卷的时候,发现小斌又考了 100 分,他非常高兴。不一会儿,他看到小斌的同桌小灿的答案也是对的,但王老师最终给小灿打了 0 分。

问题: 这是为什么呢?

 **参考答案**

小灿抄了小斌的答案,因为连小斌的名字他也抄了。

增加一半

问题:什么东西倒立之后会比原来增加一半?

 **参考答案**

数字"6"。

黄豆和红豆

A 罐中有黄豆 100 粒,B 罐中有红豆 100 粒。淘气的小猫将两罐豆打翻了,混到了一起。

问题:如果将这些豆子重新装到两只罐子里,每只罐子 100 粒豆,需要几次,可以使一罐中的黄豆和另一罐中的红豆相等呢?

 **参考答案**

只需一次。

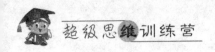

第四章　魔幻的数字

奇妙的睡莲

小伟是班里画画最好的,他的理想就是想成为一个画家。

这些天,他家不远处的一块池塘里的睡莲又开花了,非常漂亮。于是,小伟天天都去那儿写生。每当他画完后,他又惊奇地发现:每天的睡莲都比前一天大一倍。等到第十天的时候,池塘就正好被睡莲占满了。

问题:第几天的时候,睡莲占了一半的池塘?

第9天。

是错,也是对

放学了,小松和小兵一起回家。他们经过一个小广场,就玩了一会儿。这时,小松发现地上有粉笔字,走近一看,地上写着"8 + 8 = 91"。他立刻大笑起来,并对小兵喊道:"快来看啊,谁把八加八算成了九十一了。"小兵很快跑来。可他一看却说是对的。

"这明明是错的啊。"小松道。

但小兵坚持说是对的。

问题：你知道是怎么回事吗？

参考答案

小松是倒着看的，在小兵看来就是"16＝8＋8"。

拼 图

有一张长方形硬纸片，它的周长是24厘米。如果再有2张这样的长方形硬纸片就正好可以拼成一个正方形。

问题：这个长方形硬纸片的长和宽分别是多少厘米？

参考答案

周长24厘米，则长与宽的和是12厘米。3张这样的长方形可以拼成一个正方形，则长方形的长是宽的三倍，所以长是9厘米，宽是3厘米。

火柴棒算式

你听过《卖火柴的小女孩》的故事吗？

虽然现在已经很少有人使用火柴了，但是，它的发明在人类历史上却有着极其重要的意义。据考证，火柴发明于中国南北朝时期，被称之为最原始的火柴。后来传入欧洲，经过多次改良，才有了被中国人称之为"洋火"的现代火柴。

火柴的实用价值渐渐淡化，但它的收藏价值却越来越高。尤其收藏火花，更是成为四大收藏之一。火花就是火柴盒上的贴画。

小明的爸爸就是一位火花收藏爱好者。这天他弄来了一套水浒传的火花。每张火花上画着一位梁山好汉，一共108个，各个栩栩如生，非常漂亮，连小明看了都非常喜欢，他对爸爸说："爸爸，你能在我生日的时候把它

数字背后的秘密

作为生日礼物送给我吗?"爸爸自然有些不情愿,可是毕竟是自己可爱的儿子,也不得不做些妥协了。但他还是给小明出了道难题。

爸爸很快用一些火柴摆了个算式。

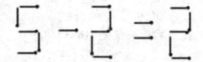

小明一看就知道这是个错误的等式。

爸爸说:"如果你能移动一根火柴棒,使等式相等,我就答应你的要求。

小明想了想,就做出来了。

问题:你知道怎么移吗?

移动其中"2"中的一根,把它变成"3"就行了。

歪打正着

飞飞是个粗心的孩子。一次数学考试,有道题是要求余数。飞飞在打草稿时,把被除数 113 竟写成 131。结果虽然商比原来多了 3,但余数恰好与正确答案相同。

问题:原题的余数是多少?

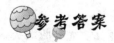

飞飞把被除数增加了 18,余数不变,商增加了 3,可以推断除数是 6。那么余数就是 5。

数字卡片

　　小雯有一套数字卡片。这天,她把卡片带到了学校。她的同桌小萌随意从中抽出 3 张卡片放到桌上,显示了一个三位数 236。小雯灵机一动,对小萌说:"你能用这 3 张卡片再组成一个三位数,但能被 47 整除吗?"小萌想了好久,也没想出来。

　　问题:你知道怎么排吗?

参考答案

　　把 6 倒过来,排成 329。

宝库密码

汤姆是个探险家。在做了很长时间的准备后,他和其他几个队员又要上路了。

这回他们来到一片沙漠,想寻找传说中的宝藏。他们苦苦探寻了很多天,也没有发现一点线索。就在他们准备无功而返的那个夜晚,天刮起了大风。几个人紧紧地抱在一起。等他们感觉风停了,睁开眼睛时,虽然几个人都还在,可他们却不知道自己身在何处。

"不好,我们掉进了一个深坑。"一个队员惊叫道。

可不是吗,汤姆和其他几个队员抬头,只看到马车轮大小的天空。坑足有十几米深。幸好坑底有很厚的灰。他们的探险工具也都丢了,想爬上去是不可能的了。他们只好在坑里寻找看有没有其他出口。不一会,汤姆在敲打坑壁时听到不一样的声音。他从地上捡起一块石头,开始刮坑壁上的土。渐渐地,一种金属物质出现在他的眼前。于是其他几个队员一起帮汤姆刮土。

最后,一扇金属大门呈现在他们的眼前。难道这就是他们要找的宝藏的大门?几个人情不自禁地惊呼起来。但他们很快又冷静下来:大门怎么打开呢?于是他们又开始在大门上寻找答案。汤姆发现在门的左上角有几个数字,中间还有个等号相连,"24 = 76"。几个人立马嘲笑起古人来:"他们也真笨!二十四怎么会等于七十六呢?"

"不,等等。"汤姆说。他感到另有奥妙。他发现除了等号是死的,其他四个数字是活动的,可以转动,还可以相互移动。"莫非只要使等式成立,门就可以打开了?"

几个人又都高度紧张起来。聪明的汤姆思考了片刻,便开始移动起数字来。

突然,一声巨响。随后,门便自动开了。呈现在他们面前的似乎是一个地下宫殿。几个人兴奋至极,冲进大门,欢呼起来。他们看到正中有一把石椅,就在石椅前的石案上有一只金黄色的大碗。他们认定,那一定是只金碗了。于是向金碗跑去。没想到,碗里还有很多水。他们也顾不得口渴,都想把金碗弄下来。可怎么弄也弄不下来。

大家都有些泄气。有的开始寻找其他宝贝了。这时候,汤姆又发现了石椅背刻的文字:不要总是想向先人索要什么,而要想想给后人留下什么。汤姆突然似乎明白了什么。

"这里没有宝贝。我们走吧。"汤姆对其他人说。

"什么? 我们好不容易找到宝藏,你居然说没有宝贝。"

"至少我们也得带点什么回去吧。"

"你觉得我们还能出去吗?"

"一定可以! 只要我们别太贪婪!"汤姆说。

果然,没多久,汤姆又发现了一个密道口,在密道口的旁边还有一些蜡烛、木柴和火石。汤姆点着了两支蜡烛,并带了几支蜡烛,和队友们依依不舍地离开了宝库。

问题:你知道汤姆是怎么移动4个数字使等式成立打开大门的吗?

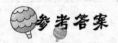

参考答案

$7^2 = 49$。

最喜欢的数

"你有最喜欢的一个数吗?"一天,数学老师李老师问他班上的学生。

有的说有,有的说没有。"如果你们喜欢的数在1到9之间,你把它写在黑板上,我不用看就知道是几,你们信不信?"

"不信!"

小敏最不信邪,一定要向老师挑战。李老师示意他走到黑板前。

李老师背对着小敏,面向台下的其他学生。小敏用粉笔在黑板上写了一个数字,为了怕老师偷看,还用手罩着。

"小敏，你现在用你最喜欢的数乘以 9，然后再乘以 12345679，只要你把得数告诉我，我就知道你最喜欢的数是几了。"

小敏算了一会。他刚报出："7⋯⋯"

"7！"李老师还没等小敏报完他的得数 777777777，已经将小敏最喜欢的数说出来了。

教室里一片惊叹声。

问题：你知道李老师是如何快速猜出来的吗？

你先算 9 与 12345679 积，就知道李老师的秘密了。

数字和为质数

有一个两位数，个位和十位上数字和是一个质数。如果把这个两位数分别乘以 3，5，7 得到 3 个数，这 3 个数各个位数上的数字和都仍为质数。

问题：这个两位数是多少？

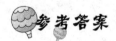

67。

足球联赛

有 32 支足球队参加某足球联赛。比赛只采取淘汰制：胜者进入下一轮，败者淘汰出局。先抽签决定对手。一轮过后，剩下的 16 支球队再抽签对决。直到决出最后的冠军。

问题：冠军产生后，共进行了多少场比赛？

参考答案

31 场。16 + 8 + 4 + 2 + 1。还有一种更快捷的算法，32 支参赛队中，除一支冠军外，其余 31 支都是失败队。这 31 支失败队，每队都输了一场，所以共进行了 31 场比赛。

一口说出星期几

乐乐是同学们公认的小神算。

这天，他又向大家展示他的最新绝活："你们随便说一个今年的日期，我可以马上告诉你是星期几。"

大家都不相信。虽然乐乐是小神算，可他的记性并不好。他怎么可能记住一整年的日期呢？

有的同学问："6 月 1 日。"

数字背后的秘密

乐乐很快答："星期五。"

有同学问："1 月 1 日。"

乐乐立刻答："星期天。"

有同学问："12 月 31 日。"

乐乐也马上答："星期一。"

同学们再一查，乐乐回答的完全正确。

问题：你知道其中的奥秘吗？

 **参考答案**

用 6、2、3、6、1、4、6、2、5、0、3、5 这 12 个数分别对应 2012 年的 12 个月份，算星期几时只要用日期加上对应的数除以 7，如果能整除，就是星期天；如果有余数，余几就是星期几；如果所加的数比 7 小，就不用除，是几就是星期几。例如：算 2012 年的 6 月 1 日是星期几，用 6 月所对应的数 4 加上 1，等于 5，比 7 小，所以是星期五。因此，乐乐只要记住那 12 个数就行了。相信你也会记住吧！

分硬币

自从小影看过小英的钱币收藏册后，小影也爱上了收集钱币。一年以后，小影的收藏册里也有了不少硬币。

这天，小影请小英去参观她的钱币册，并请求指导。小英看了后，对其中的一枚爱不释手，她想用自己的两枚钱币换小影的那一枚。但是，小影也很舍得。突然她想到一个方法。

小影找来一些一样的硬币，放在了桌上，然后对小英说："我这有 23 枚一样的硬币，我把其中的 10 枚正面朝上。然后我将你的眼睛蒙起来，如果你能将这些硬币分成两堆，且每堆正面朝上的硬币数相同，我就同意和你换。"

这下可把小英难住了。显然光凭摸，小英的手是感觉不出硬币的正反面的,只能通过一种巧妙的方法。

问题:你知道如何分吗?

先将这些硬币分成两堆,一堆10枚,一堆13枚,然后将10枚的那一堆所有的硬币都翻过来就可以了。

不完整的四位数

1aa3 表示一个四位数,且这个四位数能被9整除。
问题:a 是几?

如果一个数能被9整除,那么这个数各个位数上的数的和也能被9整除。所以,1+a+a+3 即 2a+4 也能被9整除。但 a≤9,那么 2a≤18,2a+4≤22。比22小又是9的整数倍的且是偶数的只有18,所以 a=7。

过 河

张排长接到上级命令,要在今晚偷袭敌人的一个小据点。

夜里一点,张排长带领他的36名战士向据点奔进。半道上,一条大河挡住了去路。侦察了半天,也没有看见一座桥。战士们又都不会游泳。正在张排长着急之时,有战士报告说在岸边的草丛里发现了一只小竹筏。于是张排长下令赶紧上竹筏渡河。但是竹筏太小,一次只能承受5个人。

问题:如果张排长他们全部过河,至少得需要几次呢?

参考答案

9 次。注意:得始终有一人送船回来。

对 兔

张大爷听说养兔子能赚钱,于是托人从外地给自己买回一对刚出生的小兔子。两个月后,这对兔子又产下了一对小兔子。张大爷喜出望外。后来,别人告诉他:这种兔子每对每月会生一对小兔子,每对小兔子两个月后也开始生小兔子。

问题:照这样繁殖速度计算的话,如果张大爷的兔子都能活,满一年时他会有多少对兔子?

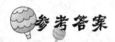参考答案

376 对。12 个月张大爷家的兔子的对数分别是 1、1、2、3、5、8、13、21、34、55、89、144。(你能发现这组数的规律吗?)

黄豆的数量

数学王老师今天在给同学们上课的时候,带来了一些道具。

"同学们,在今天正式上课之前,我们先玩一个小游戏好不好?"

"好!"同学们异口同声地答道。

"我需要两个同学上来配合我一下。"

小军和小华自告奋勇地走上讲台。

"大家看,我的这个瓶里有许多黄豆。"王老师抓了一些黄豆在手中,"现在小军和小华可以随便从里面取出一些放在自己的左手和右手上,但要使两手内的黄豆数相等。接下来,你们从左手移 4 粒黄豆到右手。数一

下此时左手上黄豆的数量并把它们放回瓶中,再从右手中数出同样数量的黄豆放回瓶中。这时,如果你俩右手中的黄豆数量比我手中的黄豆数量多的话,我就给大家表演一个节目。"

结果,小军和小华右手中的黄豆都没有比王老师手中的多。

问题:你知道王老师手中有多少粒黄豆吗?

参考答案

8 粒。而且无论一开始取多少,最后手中必定总还剩 8 粒。

另类自然数

有一种自然数,比较另类。从它的高位往低位数,第四个数字开始每个数字都等于它前面三个数字的和,直到不能再写为止。

例如:1113,12146。

问题:这类数中,最大的一个数是多少?

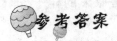
参考答案

10011247。

戒烟有方

小军的爸爸爱抽烟,小军和妈妈深受其害。爸爸也表示过要戒烟,可总是不见成效。

这天,小军的妈妈拿来两包他爸爸平时最爱抽的烟,并对他说:"我现在有一个非常见效的戒烟方法,只要你抽完这两包,你肯定就能戒了。"

小军的爸爸满口答应。

"你先抽一支,抽完以后,过 1 秒再抽第二支,抽完过 2 秒抽第三支,抽

完过 4 秒抽第四支,抽完过 8 秒抽第五支……总之抽下支烟前的等待时间是前一次的 2 倍。只要你坚持这样做,我保证你抽不完这两包你就戒了。"

"我当是什么好方法呢。这有何难?"小军的爸爸自以为是地说。说完打开一包,点上一支悠然地抽起来。

小军也不得其解。妈妈却得意地说:"让他等着吧。"

问题:你知道小军的爸爸抽完这两包烟还得等多久才能抽烟吗?

他要等 2^{39} 秒 $= 549755813888$ 秒 ≈ 17432.6 年。其实,他想抽第二包都有点难了,他需要等待 2^{20} 秒 $= 1048576$ 秒 ≈ 12 天。

神奇的多位数

有一个 22 位数,它的个位数是 7。用字母表示,可表示为 ABCDEFJHIJKLMNOPQRSTU7。把这个多位数乘以 7,得数仍是个 22 位数,只是个位数的 7 移到了第一位,其余 21 个数字的排列顺序还是原来的样子,即 7ABCDEFJHIJKLMNOPQRSTU。

问题:这个 22 位数是多少?

1 014 492 753 623 188 405 797。运用倒推法。

巧妙的加法

小明对小辉说:"我有一个办法,能很快算出多位数的和。"小辉不信。

于是,小明让小辉在黑板上随便写下一个七位数,接着在下面又写了一个七位数。这时,小明也写了一个七位数,他让小辉在下面又随便写了一个七位数。最后,小明又写了一个七位数。

小辉的第一个数字:7 258 391

小辉的第二个数字:1 866 934

小明的第一个数字:2 741 608

小辉的第三个数字:5 964 372

小明的第二个数字:8 133 065

写完后,小明对小辉说:"我能在你闭上眼睛 2 两秒后算出它们的和。"

小辉不信。等他再睁开眼睛时,小明已经把答案 25 964 370 写在了黑板上。

问题:你知道小明是怎么做到的吗?

参考答案

注意一下就知道,小明写的数不是随便写的,他的第一个数与小辉的第一个数的和为 9999999,他的第二个数与小辉的第二个数的和也是 9999999,这四个数的和为 19999998 即 20000000 - 2,所以,小明用 20000000 加上小辉的第三个数 5964372 再减 2 就行了。

抽泉水

有一个泉水池,池底的泉眼均匀地向外涌出泉水。如果用 8 台抽水机抽这池泉水,10 小时可以抽干。如果用 12 台抽水机,则 6 小时就能抽干。

问题:如果用 14 台抽水机同时抽水,多长时间能把池水抽干?

参考答案

假设每台抽水机每小时的抽水量为 1 个单位,那么泉眼每小时向外涌出水$(8 \times 10 - 12 \times 6) \div (10 - 6) = 2$ 个单位,池水有 $8 \times 10 - 2 \times 10 = 60$ 个单位。用 14 台抽水机抽则需要 $60 \div (14 - 2) = 5$(小时)。

使差最小

李老师在黑板上写了 8 个数:1、2、3、4、6、7、8、9。然后对同学们说:"请同学们用这 8 个数组成 2 个四位数,但是,必须让这两个四位数的差最小。"

问题:你知道怎么组合吗?

参考答案

要想差最小,那么,要让千位数的差最小,所以只能是 1;大数的后三位数要尽量小,小数的后三位数要尽量大。1、2、3、4、6、7、8、9 这 8 个数,能组成的最大三位数为 987,最小三位数为 123。但这样的话,剩下的 6、4 做千位数就相差 2,就不能得到最小差。把 3 和 6 对调,让 3 做千位,6 做个位,得到 4126 和 3987,两数相减得到差 139,是最小的差。

使差最大

李老师让同学们弄懂了上一题后,这天,又出了一道类似的题。不过这次不是让差最小,而是让差最大。

她先是在黑板上画了一些方格:□□□□ - □□ × □□,然后说:"请同学们从 1、2、3、4、5、6、7、8 八个数中选择相应的数填入方格中,但要使得结果最大。

问题:你知道怎么填吗?

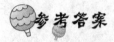 **参考答案**

要使得数最大,被减数应当尽可能大,同时减数(□□ × □□)应当尽可能小。最大的被减数为 8765。要使乘积最小,乘数和被乘数都应当尽可能小,也就是说,它们的十位数都要尽可能小。8765 - 13 × 24,这样可得到最大结果 8453。

五个星期日

一年有 12 个月,每个月至少有 4 个星期日,最多有 5 个星期日。

问题:一年之中,有 5 个星期日的月份最多有几个呢?

参考答案

1 年有 365 或 366 天,365 = 7 × 52 + 1,所以 1 年最多有 53 个星期日。而每个月至少有 4 个星期日,53 - 4 × 12 = 5,多出的 5 个星期日,分布在 5 个月中,所以最多有 5 个月有 5 个星期日。

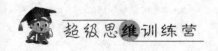
计时的沙漏

在古代,人们常常用沙漏来计算时间。虽然它已经被现在各种各样的钟表所取代,但仍然被很多人喜爱,甚至成为很好的礼物。

在小明 10 岁生日的时候,爸爸送给他的礼物就是两个沙漏。沙漏非常精美,小明看了爱不释手。但同时,爸爸也给小明出了道难题,"你先测一下它们漏完漏斗里的沙需要多少时间。"

小明认认真真地测起来。其中装着紫沙的需要 7 分钟,另一个装着蓝沙的需要 4 分钟。

"好。那么你能用这两个沙漏测算出 9 分钟吗?"

小明一时陷入了沉思。

问题:你知道怎么做吗?

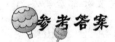

参考答案

先将两个沙漏同时倒转,4 分钟后把装蓝沙的沙漏倒转,当装紫沙的沙漏漏完时把装蓝沙的沙漏倒转。这时装蓝沙的沙漏就还剩下 1 分钟,当他漏完时,装紫沙的沙漏里有一分钟的沙子已经漏下去了,然后把这个沙漏倒转,再量出 1 分钟。当它漏完时刚好是 9 分钟。

奇特的电话号码

伶伶家的电话号码有些奇特:它是一个七位数,如果把它从中间分开,分成一个三位数和一个四位数,或者分成一个四位数和一个三位数,这个三位数和四位数的和都是一个四位数且相等。但是,伶伶家的电话号码组成的七位数恰恰是符合这个特点的所有七位数中最大的。

问题:你知道伶伶家的电话号码是多少吗?

8888999。

演唱会门票

蓓蓓听说她最喜欢的歌星要来北京工人体育馆开演唱会,哭着闹着要求爸爸给她买张门票。最后,爸爸只好答应了。蓓蓓排了很长的队,最后终于买到了。她很高兴,同时又有点郁闷,她的座位非常靠后。门票上的编号是个四位数的奇数,个位数是个质数,千位数是个位数的 3 倍,十位数比千位数小 4,百位数与个位数的差正好等于十位数。

问题:蓓蓓的门票的编号是多少?

数字背后的秘密

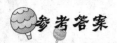参考答案

9853。

小于100

妈妈正在做饭,突然发现盐快没了,于是让兄弟俩去帮她买袋盐。可是兄弟俩谁都不愿去。哥哥说作业没做完,让弟弟去。弟弟说他要背书,让哥哥去。无奈之下,妈妈给兄弟俩出了道题,谁输了谁去买盐。兄弟俩同意了。

"你俩现在开始轮流报数,每次只能报1到10之间的整数,并把你们每次报的数加起来。如果加上谁报的数等于或大于100,谁就输了,必须马上给我买盐去。"

"6!"弟弟立刻叫道。

问题:如果哥哥要想赢,他应该报几呢?

参考答案

他应该报5。这样这一轮数的总和就是11。之后,弟弟每报一个数,哥哥必须保证与它的和相加等于11。那么等哥哥报完,数的总和必然为11的倍数。在哥哥报完第九个数时,数的总和为99,无论弟弟报什么数,都会使总和达到或超过100。弟弟就必须去买盐了。

抢三十

小芳在学校刚学了一个抢30的游戏,觉得非常好玩,回到家后,想和爸爸一起玩。游戏规则是这样的:两个人轮流报数,第一个人从1开始,按顺序报数,可以只报1,也可以报1、2;第二个人接着第一个人报的数再报下去,但一个人最多只能报两个数,而且不能一个数都不报。例如,第一个人报的是1,第二个人可报2,也可报2、3;若第一个人报了1、2,则第二个人可报3,也可报3、4。接下来仍由第一个人接着报,如此轮流下去,谁先报到30谁胜。

小芳和爸爸玩了两次后,便总是爸爸赢了。无论是自己先报,还是爸爸先报,最后总是爸爸先抢到30。

问题:你知道爸爸的秘诀吗?

参考答案

爸爸的方法其实很简单:他总是报到3的倍数为止。如果爸爸先报,根据游戏规定,他或报1,或报1、2。若小芳先报1,则爸爸就报2、3。若小芳报1、2,爸爸就报3。接下来,小芳从4开始报,而爸爸视小芳的情况,总是报到6为止。依此类推,爸爸总能使自己报到3的倍数为止。由于30是3的倍数,所以爸爸总能先报到30。

魔力空格

下面有9个小空格,空格之间有运算符相连。请填上1~9的9个自然数,使等式成立。数字不能重复。

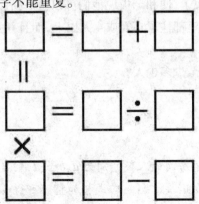

数字背后的秘密

参考答案

$$\boxed{8} = \boxed{7} + \boxed{1}$$
$$\boxed{2} = \boxed{6} \div \boxed{3}$$
$$\boxed{4} = \boxed{9} - \boxed{5}$$

游客的人数

旅店里来了一批游客要住宿。可就剩下 4 个房间了,而且天色已晚,他们都不想再费力找了,便和老板说他们可以挤一挤。老板同意了。

这样,每个房间里都住了 4 人或 4 人以上,而且任意 3 个房间的总人数都不少于 14 人。

问题:这批游客至少多少人?

参考答案

19 人。假设 4 个房间的人数分别为 a、b、c、d,则 $a + b + c \geqslant 14$;$a + c + d \geqslant 14$;$a + b + d \geqslant 14$;$b + c + d \geqslant 14$;四式相加整理可得 $3(a + b + c + d) \geqslant 56$,那么 $a + b + c + d \geqslant 18.67$,人不可为小数,所以取整得至少 19 人。

原来的数

有两个数,相除以后商为9,余数是4。现在把这两个数同时乘以3,再相除,则被除数、除数、商和余数的和等于333。

问题:原来的两个数分别是多少?

参考答案

103 和 11。被除数和除数同时扩大相同的倍数,商不变,但余数会扩大同样的倍数。因此扩大后除数是 $(333 - 4 \times 3 \times 2 - 9) \div (9 + 1) = 33$,则原先的除数是 $33 \div 3 = 11$,被除数是 $11 \times 9 + 4 = 103$。

一刹那

一刹那,形容时间很短。那么,你知道一刹那究竟多快吗?

根据古印度的梵典记载:一刹那者为一念,二十念为一瞬,二十瞬为一弹指,二十弹指为一罗预,二十罗预为一须臾,一日一昼为三十须臾。

问题:根据梵典推算,一刹那相当于现在的多少秒呢?

参考答案

0.018 秒。

四个 4

星期天,小辉、小华、小勇和豆豆在一起打扑克。四个人玩得不亦乐乎。都快晚上7点了,四个人还意犹未尽。妈妈知道小辉的作业还没做完,就让他们别打了。

数字背后的秘密

"我还没玩够呢!"小辉大声地说。

"你——"妈妈刚想发脾气,但很快又缓下来。孩子也是有自尊的,当着同学的面斥责孩子肯定有伤孩子的自尊心,再说直接赶同学走也不好。妈妈珠一转,计上心来。

等他们刚打完一局,妈妈走过去,对他们说:"孩子们,我们一起玩个游戏好不好?"

孩子们诧异地看着小辉的妈妈,简直有点不敢相信自己的耳朵。其实他们也打得累了,当然愿意玩点新花样。于是都迫不及待着妈妈的新游戏。

"你们把红桃4、黑桃4、方块4和梅花4都找出来。"

4个孩子很快就把4个4找出来了。

"现在,你们就用这4个4,再用合理的运算符,表示出0、1、2、3、4、5、6、7、8、9、10。如果你们能在10分钟内表示出来,你们就接着玩牌。如果你们在10分钟内表示不完,那你们就下星期再来玩牌了。"

"啊! 好!"

4个孩子迅速行动起来,有的还在纸上写着。但10分钟之内,他们还是没有全做出来,只得散场了。

问题:聪明的你,知道如何表示吗?

参考答案

$4 + 4 - 4 - 4 = 0$,

$44 \div 44 = 1$,

$4 \div 4 + 4 \div 4 = 2$,

$(4 + 4 + 4) \div 4 = 3$,

$(4 - 4) \times 4 + 4 = 4$,

$(4 \times 4 + 4) \div 4 = 5$,

$4 + (4 + 4) \div 4 = 6$,

$44 \div 4 - 4 = 7$,

$$4 + 4 + 4 - 4 = 8,$$

$$4 + 4 + 4 \div 4 = 9,$$

$$(44 - 4) \div 4 = 10。$$

新的余数

有甲乙两个数,他们除以 13,余数分别为 7 和 9。现在将甲、乙两数相乘,用其积再除以 13。

问题:余数是多少?

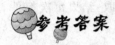参考答案

11。假设 a、b 是两个自然数,则甲数可表示为 $13a + 7$,乙数可表示为 $13b + 9$。两数之积可表示为:$(13a + 7) \times (13b + 9)$,即 $13a \times 13b + 13 \times 9a + 13 \times 7b + 7 \times 9$,即 $13 \times (13ab + 9a + 7b) + 63$,这样,其积可以分为 13 的倍数加上 63,因此只要求出 $63 \div 13$ 的余数就可以了。

巧妙的 100

一日,轮到小军擦黑板。他擦完黑板,突然对同桌乐乐说:"昨天我看到一个数学题,挺有意思的,可是没想出来。看看你能不能做出来。"

"好啊。"乐乐爽快地答道。

于是小军在黑板上写下九个数:123456789。

"这是什么意思?"乐乐不解地问。

"在这 9 个数之间添上 3 个运算符,使结果等于 100。"小军解释道。

乐乐想了会,用了一个加号两个减号。小军一算,正好等于 100。

问题:你知道乐乐怎么加的符号吗?

数字背后的秘密

123 − 45 − 67 + 89。

取硬币

瓶子里有 10 枚硬币。哥哥和弟弟轮流从瓶中取硬币,但每次只准取 1 枚、2 枚或 4 枚。取到的硬币都归自己所有,但如果谁取到最后一枚就算输,就得把自己的硬币全部给对方。哥哥总是让弟弟先取,结果每次都是弟弟输。

问题:你知道为什么吗?

谁先开局谁必输。只要哥哥在弟弟先取 1 枚后,他不取 4 枚,就不会出现他输的局面。

最小的完全数

又到数学课了。

王老师先是在黑板上写了一个式子让大家填空：$6 = \boxed{} + \boxed{} + \boxed{}$。

同学们马上有了答案，而且不尽相同。

王老师又说："所填的3个数必须是自然数，而且不能重复。是这样填的同学请举手。"结果，只有大智举了手。老师示意大智到黑板上填写。大智写的是：$6 = 1 + 2 + 3$。接下来王老师说："像6这样的数，把它的约数（除了它自己）加起来正好等于它本身的数叫完全数。6是最小的完全数。完全数有很多奇妙的特点。比如就上面的这个等式，改一下运算符，依然成立。"

同学们异口同声答道："$6 = 1 \times 2 \times 3$"。

问题：30以内还有一个完全数，你知道是多少吗？

 参考答案

28。$28 = 1 + 2 + 4 + 7 + 14$。

神奇的差

随便写两个整数，但要使得他们的各位数上的数字之和相等，如23和32，305和215等等，再算出这两个数的差。它们的差必然都是1~9中一个数的倍数。

问题：你知道是哪个数吗？

 参考答案

9。

最大的四位数

有 4 个不相等的自然数, 用它们拼成四位数, 把最大的数和最小的数相加, 和是 11588。

问题: 拼成的最大的四位数是多少?

假设这四个自然数分别是 a、b、c、d, 且 $a > b > c > d$, 根据题意列算式

$$
\begin{array}{r}
a\,b\,c\,d \\
+\ d\,c\,b\,a \\
\hline
1\,1\,5\,8\,8
\end{array}
$$

很显然, 个位与千位不成立。故可判定 d 为 0, 则 a 为 8, 这样最小的数则为 $cdba$, 推算出 $b = 5$, $c = 3$。最大的四位数为 8530。

数　独

　　"数独"一词来自日语,意思是"单独的数字",它就是一种填数字游戏。最初是由 18 世纪的瑞士数学家欧拉发明的。不过,当时欧拉的发明并没有受到人们的重视。直到 20 世纪 70 年代,美国杂志才以"数字拼图"的名称将它重新推出。

　　1984 年,一个日本益智杂志的员工看到了美国杂志上的这一游戏后,将其加以改良,并增加难度,重新取名"数独"。结果一经面世,很快杂志就出现了脱销。

　　具体规则是:9×9 个格子里,已有若干数字,把剩下的空格填满,使得每一行与每一列都有 1 到 9 的数字,每个小九宫格里也有 1 到 9 的数字,并且一个数字在每个行列及每个小九宫格里都只能出现一次。

　　发挥你的聪明才智,请将下面的数独填完整。

	9		5					1
2	5	1	3					8
			4					2
7	6	8	2					
					6	2	4	3
1								8
4					2	5	6	9
9					3		1	

数字背后的秘密

8	9	4	5	2	7	6	3	1
2	5	1	3	6	9	4	7	8
6	3	7	4	8	1	9	5	2
7	6	8	2	3	4	1	9	5
3	4	2	1	9	5	7	8	6
5	1	9	8	7	6	2	4	3
1	7	6	9	5	8	3	2	4
4	8	3	7	1	2	5	6	9
9	2	5	6	4	3	8	1	7

奇妙的分数

有一个等式,但不完整,□/□□ + □/□□ + □/□□ = 1。

问题:在空格处填上 1 ~ 9 的自然数,每个数字只能用一次,使等式成立。

5/34 + 7/68 + 9/12 = 1

"可怕"的 2012

在同学的一次生日聚会上,李明和大家玩了一个"可怕"的游戏。他先让大家准备笔和纸,然后从 1 到 9 中随便挑一个自然数不要告诉他,把这个数乘以2,加上18,再乘以50,加上1112,最后减去自己出生的年份。只要把最后的得数告诉他,他就知道你一开始选的那个数,而且知道你2012年的年龄。

等大家都各自算完后,有同学报:"312。"

李明立刻答:"你一开始选的是3,2012年你12岁。"

同学们还是不太相信。等所有人都报出他们的得数,李明回答的都很准确时,他们终于服了。

问题:你知道李明是怎么通过他们计算的结果猜出他们选的数和年龄的吗?

 **参考答案**

算出的结果都是三位数,百位上的数就是他们选的数,十位和个位上的数就是他们在2012年的年龄。

$$(? \times 2 + 18) \times 50 + 1112$$